Berichte des Deutschen Ausschusses für Stahlbau

Bisher sind erschienen:

Ausgabe A, Heft 1:

Der Einfluß der Nietlöcher auf die Längenänderung von Zugstäben und die Spannungsverteilung in ihnen

Nach Versuchen im Königlichen Materialprüfungsamt zu Berlin-Lichterfelde
Berichterstatter: Geh. Regierungsrat Professor Dr.-Ing. **Max Rudeloff**
Mit 30 Textfiguren. IV und 65 Seiten. 1915.
Preis RM 3.24

Ausgabe B, Heft 1:

Zur Einführung — Bisherige Versuche

Berichterstatter: Reg.-Baumeister a. D. Dr.-Ing. **Kögler**
Mit 26 Abbildungen. IV und 56 Seiten. 1915.
Preis RM 1.48

Ausgabe A, Heft 2: *

Versuche zur Prüfung und Abnahme der 3000 t-Maschine

Berichterstatter: Geh. Regierungsrat Professor Dr.-Ing. **Max Rudeloff**
Mit 73 Textfiguren. III und 82 Seiten. 1920.
Vergriffen.

Ausgabe A, Heft 3: *

Versuche mit Anschlüssen steifer Stäbe

Berichterstatter: Geh. Regierungsrat Professor Dr.-Ing. **Max Rudeloff**
Mit 96 Textfiguren. III und 84 Seiten. 1921.
Vergriffen.

Ausgabe B, Heft 4:

Versuche zur Ermittlung der Knickspannungen für verschiedene Baustähle

Von **W. Rein**, o. Professor an der Technischen Hochschule Breslau
Mit 42 Textabbildungen. VI und 55 Seiten. 1930.
Preis RM 5.40

Ausgabe B, Heft 5:

Dauerversuche mit Nietverbindungen

Von **O. Graf**, Professor an der Technischen Hochschule Stuttgart
Mit 69 Textabbildungen und 7 Zusammenstellungen. VI und 51 Seiten u. eine Tafel. 1935.
Preis RM 6.—

Ausgabe B, Heft 6:

Untersuchung über die Knickfestigkeit von gestoßenen Stützen mit plangefräßten Stoßflächen und nur teilweiser Stoßdeckung (Kontaktstöße) bei mittiger und außermittiger Belastung

Untersuchung über den Einfluß von Schrumpfdruckspannungen in geschweißten Druckgliedern auf die Knickfestigkeit bei mittiger und außermittiger Belastung

Von Prof. Dr.-Ing. **G. Bierett** und Dr.-Ing. **G. Grüning**, Staatliches Materialprüfungsamt Berlin-Dahlem
Mit 27 Textabbildungen. IV und 22 Seiten. 1936.
Preis RM 3.60

* Die für die Ausgabe B in Aussicht genommenen Hefte 2 und 3 erscheinen nicht unter Hinweis auf die schon in den Heften 2 und 3 der Ausgabe A enthaltenen Angaben.

Berichte des
Deutschen Ausschusses für Stahlbau
Ausgabe B

(Fortsetzung der vom Deutschen Stahlbau-Verband, Berlin, herausgegebenen Berichte des früheren Ausschusses für Versuche im Stahlbau)

Heft 6

Untersuchung über die Knickfestigkeit von gestoßenen Stützen mit plangefrästen Stoßflächen und nur teilweiser Stoßdeckung (Kontaktstöße) bei mittiger und außermittiger Belastung

Untersuchung über den Einfluß von Schrumpfdruckspannungen in geschweißten Druckgliedern auf die Knickfestigkeit bei mittiger und außermittiger Belastung

Von

Prof. Dr.-Ing. G. Bierett und Dr.-Ing. G. Grüning
Staatliches Materialprüfungsamt Berlin-Dahlem

Mit 27 Textabbildungen

Berlin
Verlag von Julius Springer
1936

ISBN 978-3-7091-5441-0 ISBN 978-3-7091-5442-7 (eBook)
DOI 10.1007/978-3-7091-5442-7

Vorwort.

Mit der wachsenden Verwendung der Schweißtechnik im Stahlbau mußte auch der Frage des Einflusses der Schrumpfspannungen erhöhte Beachtung geschenkt werden. Durch einen Einzelversuch gelang es, zunächst den Einfluß von Schrumpfdruckspannungen in geschweißten Druckgliedern auf deren Knickfestigkeit bei mittiger und außermittiger Belastung festzustellen. Der Bericht dürfte einen wertvollen Beitrag zur Klärung dieser wichtigen Frage bilden.

Das vorliegende Heft enthält ferner die Ergebnisse von Untersuchungen über die Knickfestigkeit von gestoßenen Stützen mit plangefrästen Stoßflächen und nur teilweiser Stoßdeckung (Kontaktstöße) bei mittiger und außermittiger Belastung. Eine unmittelbare Verwertung fanden diese günstigen Ergebnisse bereits beim Bau der Adolf-Hitler-Brücke über den Rhein bei Krefeld-Uerdingen, bei deren Entwurfsbearbeitung Herr Baurat Dr.-Ing. Fr. Voß, Kiel, zu dem dankenswerten Vorschlag dieser Versuchsdurchführung angeregt wurde.

Den Herren Berichterstattern danken wir für ihre wertvolle Forschungsarbeit und der Verlagsbuchhandlung Julius Springer für die vorzügliche Ausgestaltung des Buches.

Nach der Umbildung des „Ausschusses für Versuche im Stahlbau" in den „Deutschen Ausschuß für Stahlbau" erscheinen die Versuchsberichte in der gleichen Form wie bisher als „Berichte des Deutschen Ausschusses für Stahlbau".

Deutscher Ausschuß für Stahlbau

Schaper.

Inhaltsverzeichnis.

Untersuchung über die Knickfestigkeit von gestoßenen Stützen mit plangefrästen Stoßflächen und nur teilweiser Stoßdeckung (Kontaktstöße) bei mittiger und außermittiger Belastung.

A. Zweck der Versuche.

Durch die Versuche sollte festgestellt werden, ob die Tragfähigkeit einer Stütze vermindert wird, wenn ein in der Mitte der Stütze befindlicher Stoß durch die Stoßdeckung nur teilweise gedeckt wird, die Stoßenden jedoch zur Erzielung direkter Kraftübertragung plan gefräst und aneinandergepaßt sind. Die zur Klärung dieser Frage vorgenommenen Knickversuche wurden zunächst für mittigen Druck durchgeführt. Da eine genau mittige Beanspruchung in der Praxis nur sehr selten vorliegen wird, war außerdem der Nachweis für das Verhalten der kontaktgestoßenen Stützen bei außermittiger Beanspruchung zu erbringen.

B. Ausbildung der Knickstäbe.

Den unmittelbaren Anlaß zur Behandlung der genannten Frage gab die Ausbildung der Stöße der Pylonen bei der Erbauung der Adolf-Hitler-Brücke über den Rhein bei Krefeld—

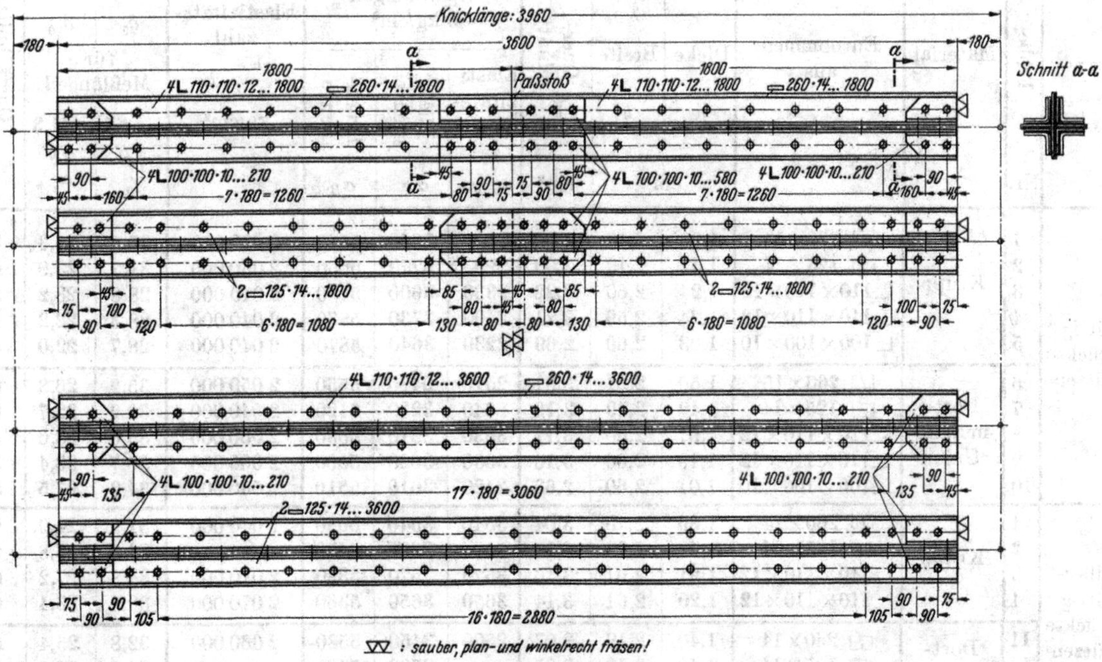

Abb. 1. Ausbildung der Versuchsstützen.

Uerdingen. Die Versuche wurden von dem Entwurfsbearbeiter, Herrn Baurat Dr.-Ing. Fr. Voß, Kiel, angeregt. Die Querschnitte der Versuchsstäbe wurden deshalb gemäß der Eckausbildung der Pylonen aus vier kreuzförmig gestellten Winkelstählen mit zwischengelegtem Flachstahl gewählt. Die Ausbildung der Versuchsstäbe zeigt Abb. 1. Der Querschnitt des zusammengesetzten Profils betrug 171,8 cm². Die Trägheitsmomente in den beiden Hauptrichtungen wichen infolge der Verwendung der zwischengelegten Flachstähle in Regelbreiten ein wenig voneinander ab. Die Werte sind nachstehend angegeben, von denen der eine oder andere Wert je nach der bei mittigem und außermittigem Druck gewählten Lagerungsart maßgebend ist. Die Unterschiede sind im ganzen nicht erheblich.

Trägheitsmoment:	$I_{min} = 4659$ cm⁴	$I_{max} = 4764$ cm⁴
Trägheitsradius:	$i_{min} = 5{,}2$ cm	$i_{max} = 5{,}3$ cm
Stablänge:	$l = 360$ cm	$l = 360$ cm
Schlankheit:	$\lambda = \frac{l}{i} = 69$	$\lambda = \frac{l}{i} = 68$
Druck:	mittig	— außermittig
Lagerung:	Flächenlager	— Schneidenlager
Knicklänge:	$l_k = l = 360$ cm	$l_k = l + 2 \cdot 18 = 396$ cm
Schlankheit:	—	$\lambda_k = \frac{396}{5{,}3} = 75$
Kernweite = Exzentrizität	—	$k = e = \frac{W}{F} = 2{,}09$ cm
Verhältnis:	—	$e/l_k = \frac{2{,}09}{396} = \frac{1}{190}$
Widerstandsmoment:	—	$W = \frac{4764}{12{,}5 + 0{,}7} = 360$ cm³.

Da die Nennabmessungen tatsächlich gut eingehalten waren, wie auch aus der Dickenangabe a der Zahlentafel 1 hervorgeht, kann mit den angegebenen Werten gerechnet werden.

Zahlentafel 1. **Ergebnisse der Zugversuche.**

—	Probe Nr.	Material	Entnommen aus	Abmessungen: Dicke a cm	Abmessungen: Breite b cm	Abmessungen: Querschnitt F cm²	Festigkeit, Spannungen σ kg/cm²: Elastizitätsgrenze[1] $\sigma_{0.003}$	Festigkeit: Fließgrenze σ_F	Festigkeit: Bruchgrenze σ_B	Elastizitätszahl $\frac{1}{\alpha} = E$ kg/cm²	Formänderungen, Dehnung δ_5 für Meßlänge $l = 5{,}65\sqrt{F}$ %	Dehnung δ_{10} für Meßlänge $l = 11{,}3\sqrt{F}$ %	Querschnittsverminderung ψ %
Mittig gedrückte Stützen	1	Krupp	▭ 260×14	1,38	2,18	3,02	2320	3640	5570	2 080 000	32,6	24,3	60
	2		▭ 125×14	1,41	2,19	3,09	2990	3770	5550	2 050 000	31,7	23,9	63
	3		∟110×110×12	1,24	2,60	3,22	2330	3600	5780	2 040 000	28,8	23,2	57
	4		∟110×110×12	1,24	2,59	3,21	2490	3730	5870	2 040 000	28,3	22,2	58
	5		∟100×100×10	1,03	2,60	2,69	2230	3640	5870	2 040 000	28,7	22,0	51
	6	Dortmunder Union	▭ 260×15	1,50	2,21	3,31	2570	3470	5550	2 050 000	35,2	26,8	65
	7		▭ 125×14	1,42	2,19	3,12	2640	3230	5120	2 040 000	30,2	22,7	61
	8		∟110×110×12	1,97	2,60	3,11	3530	3610	5580	2 060 000	30,0	23,6	52
	9		∟110×110×12	1,19	2,60	3,10	3380	3620	5590	2 060 000	30,7	23,4	56
	10		∟100×100×10	1,01	2,60	2,63	3420	3610	5510	2 050 000	34,2	27,5	56
Außermittig gedrückte Stützen	1	Krupp	▭ 260×14	1,39	2,19	3,04	3540	3540	5580	2 040 000	31,9	24,9	60
	2		▭ 125×14	1,42	2,19	3,11	—	3620	5470	—	34,0	25,8	66
	3		∟110×110×12	1,21	2,61	3,16	3520	3570	5390	2 010 000	35,3	27,2	60
	4		∟110×110×12	1,20	2,61	3,14	3650	3650	5360	2 070 000	30,3	23,4	61
	11	Dortmunder Union	▭ 260×14	1,40	2,19	3,07	2500	3450	5580	2 060 000	32,8	25,4	63
	12		▭ 125×14	1,40	2,19	3,07	—	3700	5450	—	34,2	26,6	61
	13		∟110×110×12	1,19	2,61	3,11	2400	3500	5470	2 070 000	32,3	25,9	61
	14		∟100×100×10	1,05	2,61	2,73	—	3500	5230	—	32,3	25,7	65

[1] Als Elastizitätsgrenze bzw. Fließgrenze ist die Spannung angegeben, bei der die bleibende Dehnung 0,003 bzw. 0,2% der Meßlänge beträgt.

Stab 2, 12 und 14 ohne Feinmessungen untersucht.

Untersucht wurden im ganzen acht Stäbe, von denen die Hälfte bei mittiger Belastung, die andere Hälfte bei außermittiger Belastung untersucht wurden.

Von den vier Stäben jeder Reihe wurden je zwei von der Dortmunder Union Brückenbau A.-G. und zwei von der Fried. Krupp A.-G., Friedrich-Alfred-Hütte, angeliefert, von denen je einer in der Mitte gestoßen und dieser Stoß durch vier Stoßwinkel der Fläche nach zu 45% und dem Trägheitsmoment nach zu rund 52% gedeckt war.

C. Werkstoff.

Die Stäbe wurden entsprechend der Bauausführung der Brücke aus St 52 hergestellt. Von jeder Lieferung wurden die mechanischen Eigenschaften für jedes verwendete Profil durch Untersuchung von mitgelieferten Überlängen im Zugversuch bestimmt. In der Zusammenstellung, Zahlentafel 1, sind die Ergebnisse der Werkstoffuntersuchung getrennt für die mittig belasteten und außermittig untersuchten Stützen angegeben, da zwischen der Herstellung der verschiedenen Stützen ein Zeitraum von etwa einem halben Jahr lag und deshalb mit gewissen Unterschieden gerechnet werden mußte.

1. Werkstoffe der mittig belasteten Stützen.

Die Festigkeits- und Formänderungswerte liegen bis auf die Probe 7, die eine sehr geringe Fließgrenze und Zugfestigkeit aufweist, alle ziemlich dicht beieinander. Die Fließgrenze liegt bei etwa 36 und die Zugfestigkeit bei etwa 56 kg/mm². Ein Unterschied zwischen den den Winkelstählen und den den Blechen entnommenen Zugstäben ist (mit Ausnahme vielleicht der Probe 7) nicht festzustellen. Bei den Proben 1 bis 7 liegt die Elastizitätsgrenze wesentlich unterhalb der Fließgrenze. Bei einigen von diesen Stäben war die Fließgrenze so wenig ausgebildet, daß sie nur mit Hilfe der Dehnungsmessungen festgestellt werden konnte. Bei den Proben 8 bis 10 lag die Elastizitätsgrenze nur wenig unterhalb der Fließgrenze.

2. Werkstoff der außermittig belasteten Stützen.

Die Fließgrenze liegt zwischen 34,5 und 37,0 kg/mm² und die Bruchgrenze zwischen 52,3 und 55,8 kg/mm². Die Elastizitätsgrenze liegt bei einigen Proben sehr niedrig (kleinster Wert 24,0 kg/mm²), während sie bei anderen mit der Fließgrenze zusammenfällt. Es ist möglich, daß die teilweise so niedrige Elastizitätsgrenze bei einer außermittig gedrückten Stütze die Höchstlast merklich herabdrückt. Im übrigen stimmen die hier festgestellten Werkstoffkennziffern mit denen der bei mittigem Druck untersuchten Stützen überein.

D. Durchführung der Knickversuche.

Die Knickversuche wurden in einer stehenden 600 t-Presse durchgeführt. Bei den bei mittigem Druck zu erwartenden Knicklasten mußte von einer Verwendung von Schneidenlagern Abstand genommen werden, da Schneidenlager für so hohe Lasten nicht zur Verfügung standen. Die Befürchtung, daß hierdurch größere Streuungen in den Versuchsergebnissen zu erwarten seien, erfüllte sich jedoch nicht, obwohl eine genaue Zentrierung der Stützen beim Flächenlager nicht möglich ist. Trotzdem wurde der Versuch gemacht, die Stützen durch Verschieben der Stabenden je nach der Größe der bei kleinen Lasten festgestellten Ausbiegungen zu zentrieren; es gelang auch tatsächlich dadurch, bis zu etwa 80% der Knicklast nur verhältnismäßig kleine Ausbiegungen zu erhalten. Auffallend ist jedoch, daß sämtliche Stützen unabhängig von ihrem Verhalten bei kleineren Lasten unter der Höchstlast alle nach der gleichen Seite ausknickten. Es erscheint daher möglich, daß die Maschine bei der Last von 600 t, die ja auch gleichzeitig die zulässige Höchstbeanspruchung der Maschine darstellt, ihren Druckschwerpunkt etwas verlagert. Auf die Höhe der Knicklast dürfte dies jedoch keinen oder nur einen geringen Einfluß gehabt haben.

Im Gegensatz zu den Versuchen bei mittigem Druck konnten bei den Versuchen mit außermittiger Belastung wegen der zu erwartenden geringeren Knicklasten Schneidenlager benutzt werden. Bei Flächenlagerung wäre auch die Einstellung einer bestimmten Exzentrizität nicht möglich gewesen.

Die Schneiden lagen parallel zu dem durchgehenden Blech 260 · 14. Die Kraft wurde bei diesen Versuchen in einem Abstand gleich der Kernweite $e = 2{,}09$ cm eingeleitet. Bei der Einrichtung wurde folgendermaßen vorgegangen. Zunächst wurde jede Stütze genau zentriert. Dazu wurde sie bis etwa 100 t annähernd zentrisch vorbelastet, und die Ausbiegungen wurden in beiden Richtungen gemessen. Danach wurden die vorhandenen Exzentrizitäten in Richtung der Schneide durch Neigung der Druckplatten der Schneidenlager und die Exzentrizitäten in der Knickrichtung durch Verschiebung der Stützen senkrecht zu den Schneiden beseitigt. Von dieser Grundstellung ausgehend wurde die Stütze zwischen den Lagern um 2,09 cm verschoben. Danach wurde der eigentliche Knickversuch bei außermittiger Belastung vorgenommen.

E. Messungen.

Die Ausbiegung der Stützen wurde mit Leuneruhren in Richtung der beiden Bleche 260 · 14 und 126 · 14 bestimmt. Gemessen wurde die Ausbiegung der Stabmitte und der Viertelspunkte gegenüber der die Stabenden verbindenden Sehne. Zur Berücksichtigung der räumlichen Bewegungen des Stabes wurden an beiden Stabenden in beiden Richtungen die Endbewegungen bestimmt. In den später angegebenen Ausbiegungswerten sind diese räumlichen Bewegungen bereits ausgeschieden. Bei den Versuchen unter mittigem Druck dienten die Viertelpunktsausbiegungen nur zur Zentrierung. Auf ihre Wiedergabe ist verzichtet worden.

Zur Feststellung der Spannungsverhältnisse am Stoß, besonders zur Beantwortung der Frage, ob und wieweit die Kräfte durch die Stoßlaschen oder den Kontakt der gestoßenen Kopfflächen übertragen werden, wurde eine größere Zahl von Dehnungsmessungen mit Tensometern auf 20 mm Meßlänge ausgeführt. Die Anordnung der Meßstellen, die bei den gestoßenen und ungestoßenen Stützen und bei mittigem und außermittigem Druck etwas verschieden war, wird bei Besprechung der Ergebnisse behandelt.

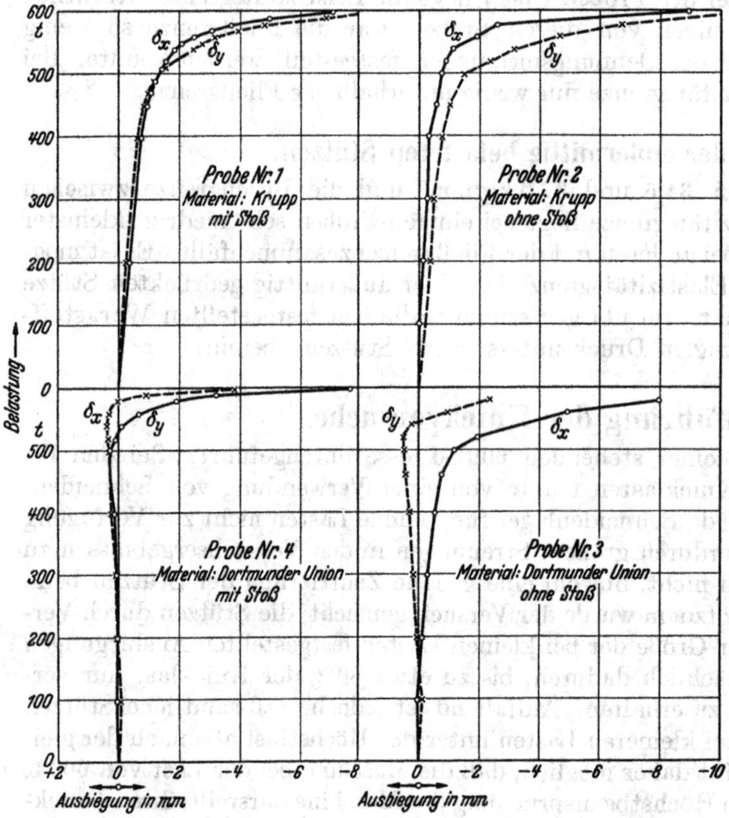

Abb. 2. Last-Ausbiegungslinien der mittig gedrückten Stützen.

F. Ergebnisse der Knickversuche.

1. Verhalten bei mittigem Druck.

Die bei den Knickversuchen erreichten Knicklasten bei mittigem und außermittigem Druck sind in Zahlentafel 2 zusammengestellt. Die Größe der Knicklast bei mittigem Druck ist bei den gestoßenen und ungestoßenen Stützen praktisch die gleiche, da die größte mit 603 t von der kleinsten mit 597 t um weniger als 1% abweicht. Ein Unterschied in der Tragfähigkeit der einzelnen Stützen ergibt sich nur daraus, daß die Höchstlasten verschieden lange ausgehalten wurden, ehe das Ausknicken eintrat. Bei gleicher Laststeigerungsgeschwindigkeit über 600 t hinaus wären deshalb etwas größere Unterschiede in den Höchstlasten zu erwarten gewesen. Wenn man dies berücksichtigt, so ergibt sich, daß die Knicklasten der gestoßenen Stützen um vielleicht 2% höher lagen, als die

Knicklast der ungestoßenen Stützen. Es ist nicht zu entscheiden, ob dies ein zufälliges Ergebnis ist, oder ob es auf die Verstärkung der Stabmitte durch die Stoßwinkel zurückzuführen ist.

Die Knickspannung beträgt im Mittel

$$\frac{599\,000}{171{,}8} = 3500 \text{ kg/cm}^2.$$

Sie liegt etwas unter der Fließgrenze (etwa 3600 kg/cm²), jedoch über der in den BE für $\lambda = 69$ angegebenen Knickspannung von 3260 kg/cm². Diese Erhöhung kann der einspannenden Wirkung der Flächenlager zugeschrieben werden.

Die wesentlichen Ergebnisse und Angaben über die Anordnung der bei den Knickversuchen ausgeführten Messungen sind in Abb. 2—4 zusammengestellt. In Abb. 2 sind die Ausbiegungen der Stabmitten nach beiden Richtungen in Abhängigkeit von der Last dargestellt. Auch hieraus ist die etwas größere Höchstlast der gestoßenen Stützen ersichtlich. Wie schon früher erwähnt, trat das Ausknicken immer nach der Minus-Richtung ein, bei Probe 4 sogar, obwohl bis über 500 t eine positive Ausbiegung vorhanden war.

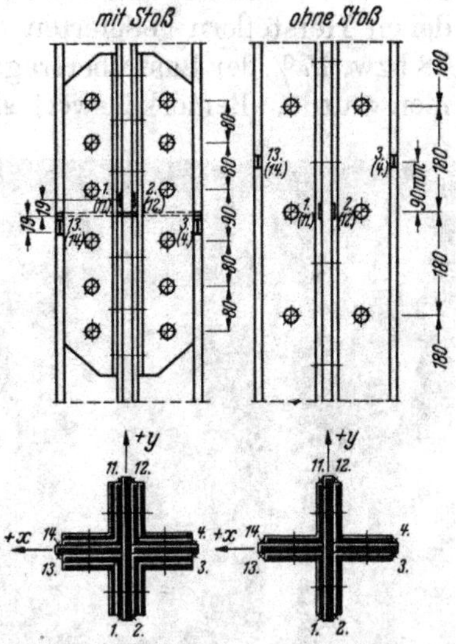

Abb. 3 Anordnung der Stauchungsmessungen an den mittig gedrückten Stützen.

In Abb. 4 sind die Ergebnisse der Dehnungsmessungen in Abhängigkeit von der Last zusammengetragen. Bis zu 500 t verlaufen sie ziemlich geradlinig. Bei 400 t wird mit

$$\sigma = \frac{400\,000}{171{,}8} = 2330 \text{ kg/cm}^2$$

etwa die Elastizitätsgrenze der Stütze erreicht. Aus den Dehnungsmessungen an den ungestoßenen Stützen kann man bei $P = 400$ t aus dem Elastizitätsmodul von 2050000 kg/cm² Lasten von 400 (Probe 2) und 415 t (Probe 3) errechnen. Die Unterschiede gegen die wirkliche

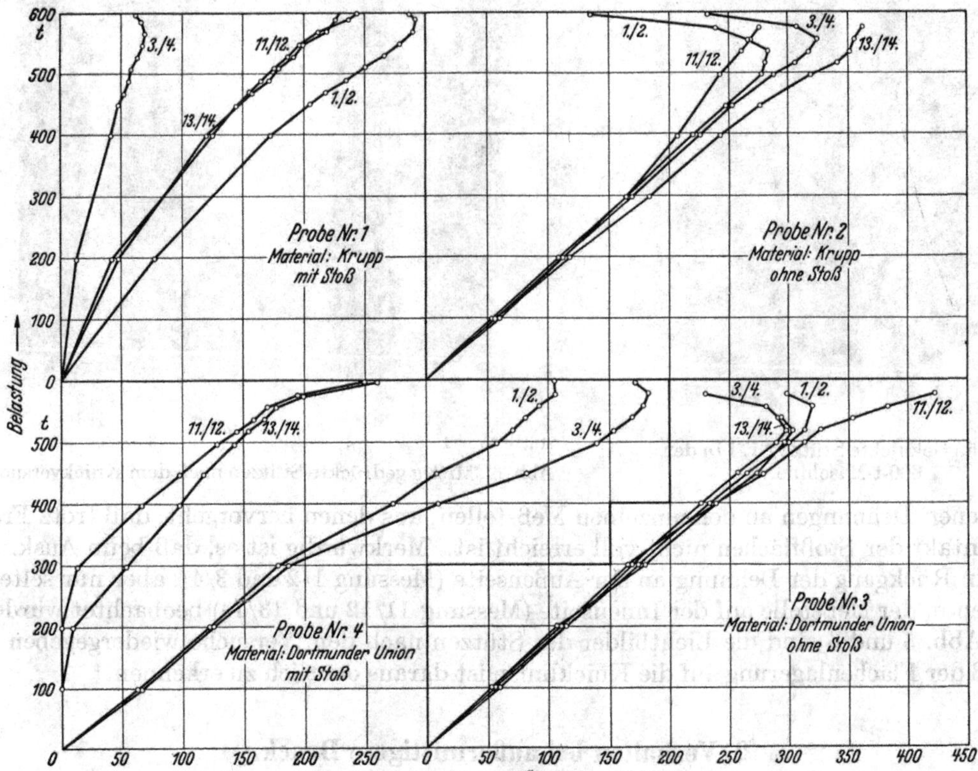

Abb. 4. Ergebnisse der Stauchungsmessungen an den mittig gedrückten Stützen.

Last von 400 t geben ein Bild von der Genauigkeit der Mittelbildung, des Flächeninhaltes und der Dehnungsmessungen. Bei den gestoßenen Stützen betragen die entsprechenden Lasten nur 208 t (Probe 1) und 332 t (Probe 4). Der Unterschied zwischen den beiden, von verschiedenen Herstellern gelieferten Stäben ist also ziemlich groß. Durch die Stoßwinkel wurden 48 bzw. 17% der Last übertragen, während der Rest durch den Kontakt des Stoßes aufgenommen wurde. Bemerkenswert sind bei den gestoßenen Stützen die großen Unterschiede der

Abb. 5. Geknickte Stütze Nr. 1 in der 600-t-Maschine.

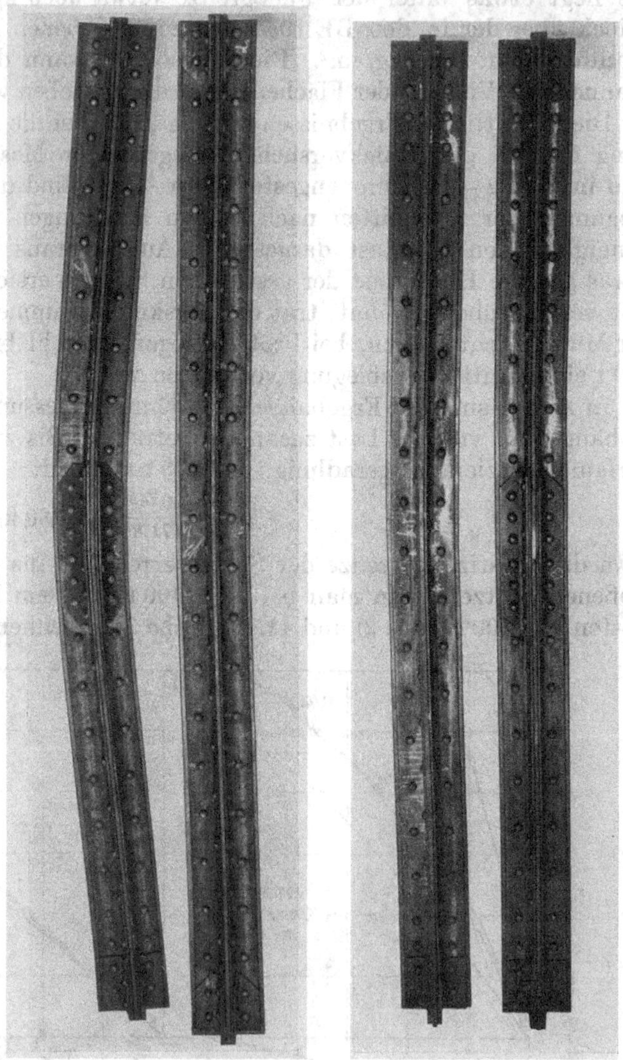

Stütze Nr. 1 2 3 4

Abb. 6. Mittig gedrückte Stützen nach dem Knickversuch.

gemessenen Dehnungen an den einzelnen Meßstellen, aus denen hervorgeht, daß trotz Fräsens der Kontakt der Stoßflächen nicht voll erreicht ist. Merkwürdig ist es, daß beim Ausknicken zwar ein Rückgang der Dehnung an der Außenseite (Messung 1/2 und 3/4), aber nur selten ein Strecken in der Meßstelle auf der Innenseite (Messung 11/12 und 13/14) beobachtet wurde.

In Abb. 5 und 6 sind die Lichtbilder der Stützen nach dem Versuche wiedergegeben. Der Einfluß der Flächenlagerung auf die Knicklinien ist daraus deutlich zu erkennen.

2. Verhalten bei außermittigem Druck.

Die Höchstlasten der außermittig gedrückten Stützen (Zahlentafel 2) waren untereinander wieder fast gleich groß und betrugen im Mittel 250,3 t. Ein Unterschied zwischen gestoßener und ungestoßener Stütze war nicht feststellbar. Die Höchstlast beträgt 41,6% derjenigen der mittig gedrückten Stützen.

Zahlentafel 2. Knicklasten.

	Probe Nr.	Material St 52	Ausbildung	Höchstlast P_{max} t	$\sigma = \frac{P_{max}}{F}$ kg/cm²
Mittig gedrückte Stützen	1	Krupp	mit Stoß	603	3510
	2	Krupp	ohne Stoß	599	3490
	3	Union	ohne Stoß	597	3480
	4	Union	mit Stoß	599	3490
Außermittig gedrückte Stützen $e = k = 2{,}09$ cm	1	Krupp	ohne Stoß	247,5	1440
	2	Krupp	mit Stoß	247,5	1440
	3	Union	ohne Stoß	252,5	1470
	4	Union	mit Stoß	253,7	1480

In Abb. 7 sind die Biegelinien aufgetragen. Ein Unterschied in den Biegelinien der gestoßenen und der ungestoßenen Stützen läßt sich nicht feststellen. In Abb. 8 sind die Ausbiegungen der Stabsmitte gegen die durch die Enduhren gegebene Sehne in Abhängigkeit von der Last aufgetragen. Bei allen vier Versuchen ergaben sich für die einzelnen Laststufen fast die gleichen Durchbiegungen. Die Ausbiegungen der Stabmitte gegen die Schneiden sind unter der Annahme einer parabelförmigen Biegelinie um das 1,24fache größer als die in Abb. 8 angegebenen Werte. Aus den Ausbiegungsdiagrammen kann man danach auf eine Maximalausbiegung gegen die Schneiden von etwa $20 \cdot 1{,}24 = 25$ mm bei der Höchstlast schließen. Daraus ergibt sich ein Maximalmoment von $250 \cdot (2{,}09 + 2{,}5) = 1147$ tcm. Bei geradliniger Spannungsverteilung wäre dann

$$\sigma_{min}^{max} = -\frac{250000}{171{,}8} \pm \frac{1147000}{360}$$

$$= {+1730 \atop -4630} \text{ kg/cm}^2.$$

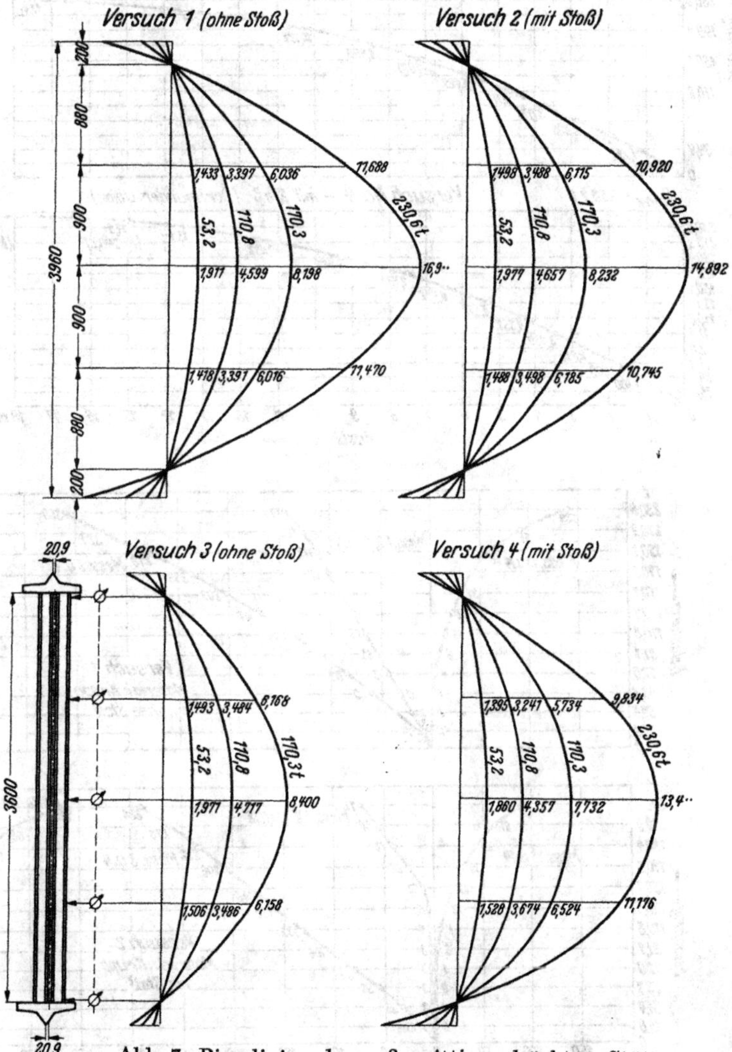

Abb. 7. Biegelinien der außermittig gedrückten Stützen.

Daraus ist ersichtlich, daß die Tragkraft mit Erreichung der Fließgrenze auf einer Seite nicht erschöpft sein kann. Denn wenn diese auch infolge behinderter Formänderung bei außermittiger Beanspruchung etwas über 3500 kg/cm² liegen mag, so doch unter 4630 kg/cm². Den tatsächlichen Verhältnissen kommt man näher nach Art der Betrachtungen von Chwalla für den außermittig gedrückten Stab[1].

Eine Berechnung der Höchstlast auf Grund des Chwallaschen Rechnungsganges mit dem vorliegenden Querschnitt ergab sogar eine Höchstlast, die noch über der hier erreichten Last von 250 t lag[2]. Es ist möglich,

[1] Stahlbau 7 (1934), S. 161/65, 173/76, 180/84.

[2] Eine eingehendere Betrachtung der hier und bei anderen Versuchen mit außermittig gedrückten Stützen er-

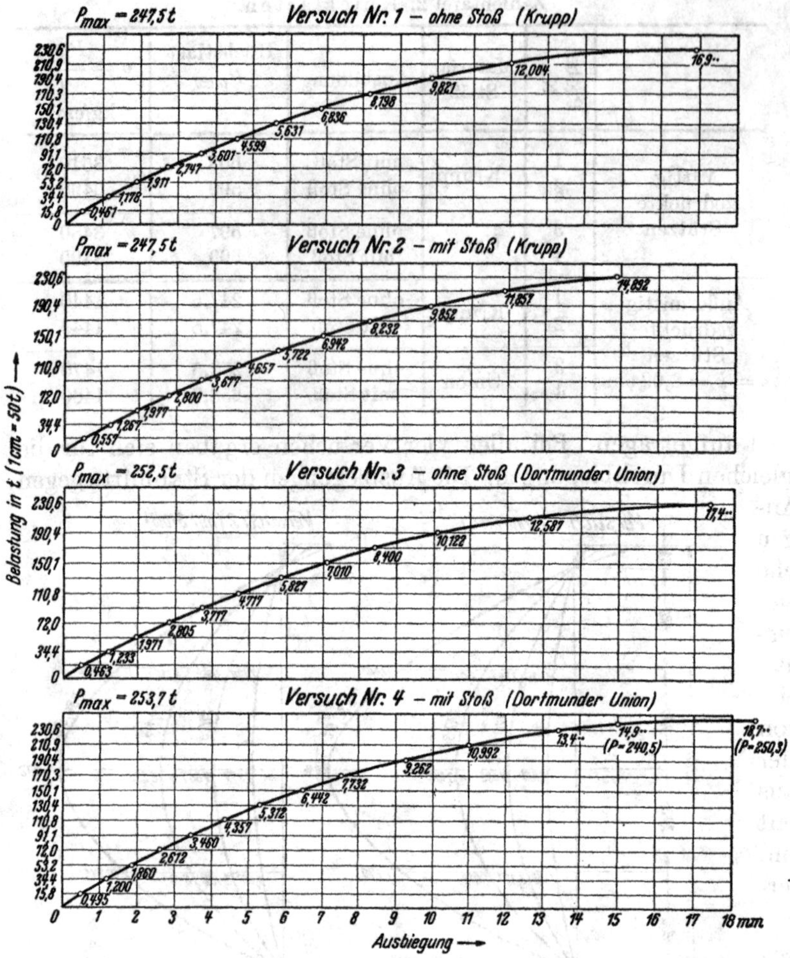

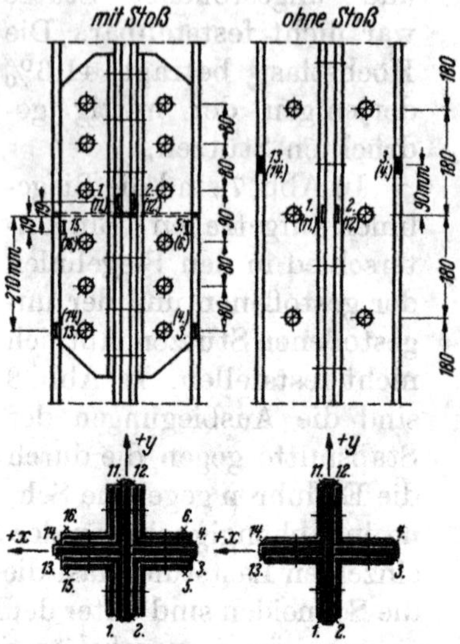

Abb. 9. Anordnung der Stauchungsmessungen an den außermittig gedrückten Stützen.

Abb. 8. Last-Ausbiegungslinien der außermittig gedrückten Stützen.

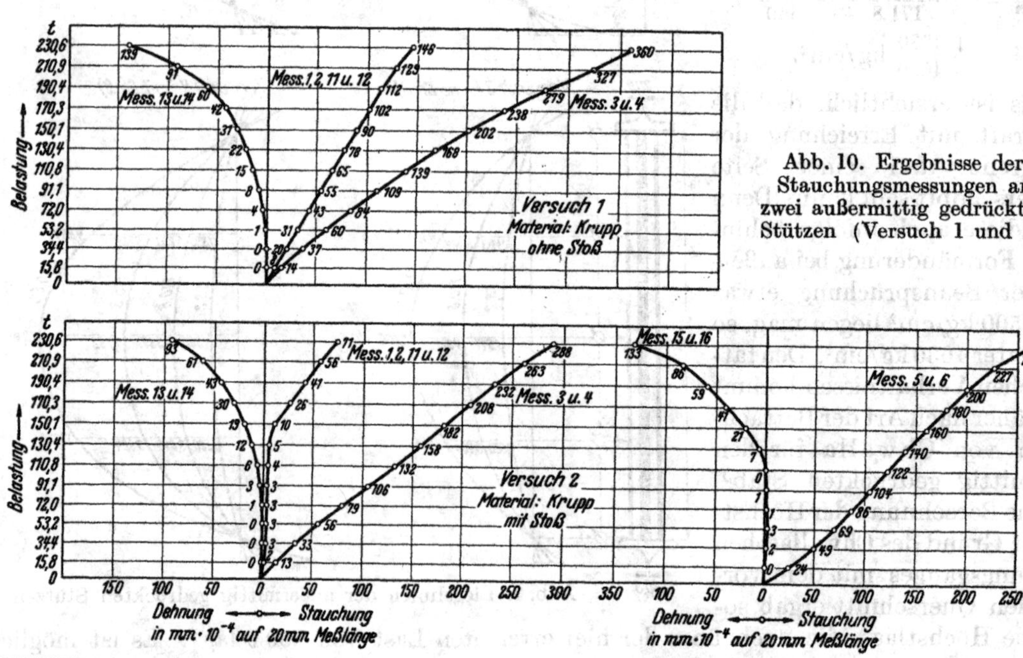

Abb. 10. Ergebnisse der Stauchungsmessungen an zwei außermittig gedrückten Stützen (Versuch 1 und 2).

reichten Lasten und die Übereinstimmung dieser Lasten mit der Berechnung ist im Stahlbau 9 (1936), S. 17/21, angestellt.

daß die beim Ausbiegen an den Stabenden auftretenden Querkräfte eine Gleitung in den Nieten bedingten und damit die Knicklast herabsetzten.

Als feststehend kann angenommen werden, daß eine Plastizierung der Randfasern schon vor Erreichung der Höchstlast erfolgt ist.

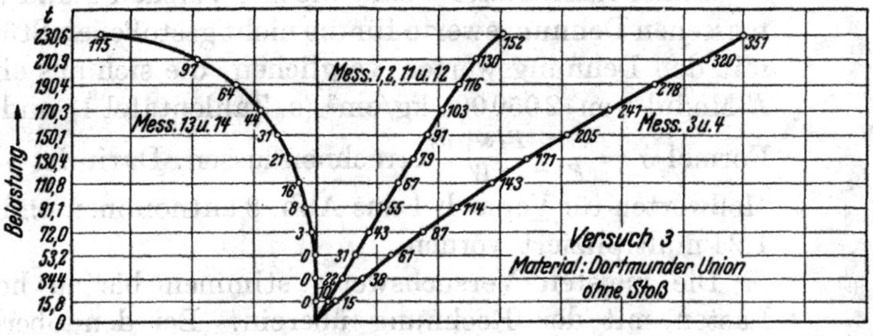

In Abb. 9—11 sind die Anordnung und die Ergebnisse der Dehnungsmessungen aufgetragen, wobei zusammengehörige Werte gleich im Mittel angegeben sind. Die angegebenen Zahlen sind Dehnungen in

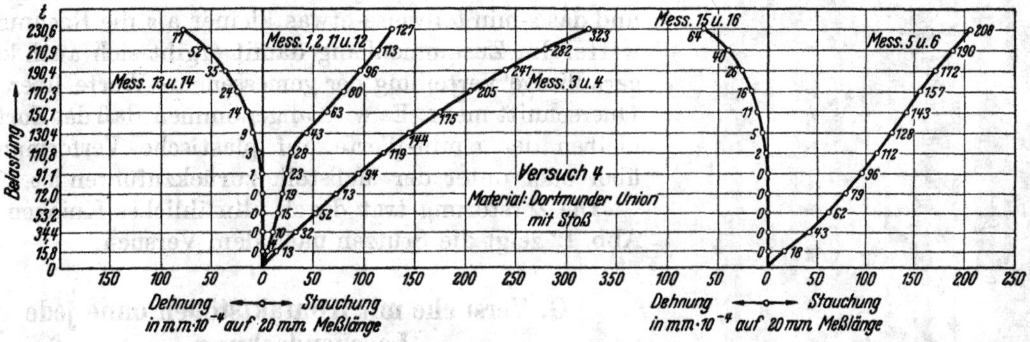

Abb. 11. Ergebnisse der Stauchungsmessungen an 2 außermittig gedrückten Stützen (Versuch 3 und 4).

$^1/_{10000}$ mm auf 20 mm Meßlänge. (Einer Dehnungseinheit würde bei

$$E = 2\,000\,000\ \text{kg/cm}^2$$

eine Spannung von 10 kg/cm² entsprechen. Die Spannungen sind also etwas mehr als zehnmal so groß wie die angegebenen Dehnungseinheiten.)

Zahlentafel 3. Gemessene und errechnete Dehnungen.

Last P t	ε-max Rechnung	ε-max Versuch 1	ε-max Versuch 3	ε-mittel Rechnung	ε-mittel Versuch 1	ε-mittel Versuch 3	ε-min Rechnung	ε-min Versuch 1	ε-min Versuch 3
	ε in $^1/_{10000}$ mm für 20 mm Meßlänge								
0	—	—	—	—	—	—	—	—	—
15,8	0	0	0	—9	—8	—10	—18	—14	—15
34,8	1	0	0	—20	—20	—22	—41	—37	—38
53,2	3	1	0	—31	—31	—31	—64	—60	—61
72,0	6	4	3	—41	—43	—43	—88	—84	—87
91,1	11	8	8	—52	—55	—55	—114	—109	—114
110,8	17	15	16	—63	—65	—67	—143	—139	—143
130,4	24	22	21	—74	—78	—79	—172	—168	—171
150,1	35	31	31	—85	—90	—91	—205	—202	—205
170,3	47	42	44	—97	—102	—103	—240	—238	—241
190,4	62	60	64	—109	—112	—116	—279	—279	—278
210,9	85	91	97	—120	—129	—130	—325	—327	—320
230,6	131	139	175	—132	—146	—152	—394	—360	—371
260	169	—	—	—142	—	—	—452	—	—

Auch der Verlauf der Dehnungen ist bei je zwei Parallelproben fast der gleiche, während sich zwischen gestoßener und ungestoßener Stütze naturgemäß größere Unterschiede ergeben. Aus den Messungen 1, 2, 11 und 12 der gestoßenen Stütze ergibt sich, daß im Stoß hier genau wie bei den mittig gedrückten Stützen trotz des Fräsens zunächst kein vollkommener Kontakt vorhanden war. Bis zu 150 t bei Versuch 2 und bis zu 130 t bei Versuch 4 ergaben sich direkt über der Stoßstelle (Messung 1, 2, 11 und 12) nur ganz kleine Stauchungen. Bis dahin nehmen also die Stoßlaschen den Hauptanteil der Last auf, während der Kontakt erst bei höheren Lasten voll wirksam wird.

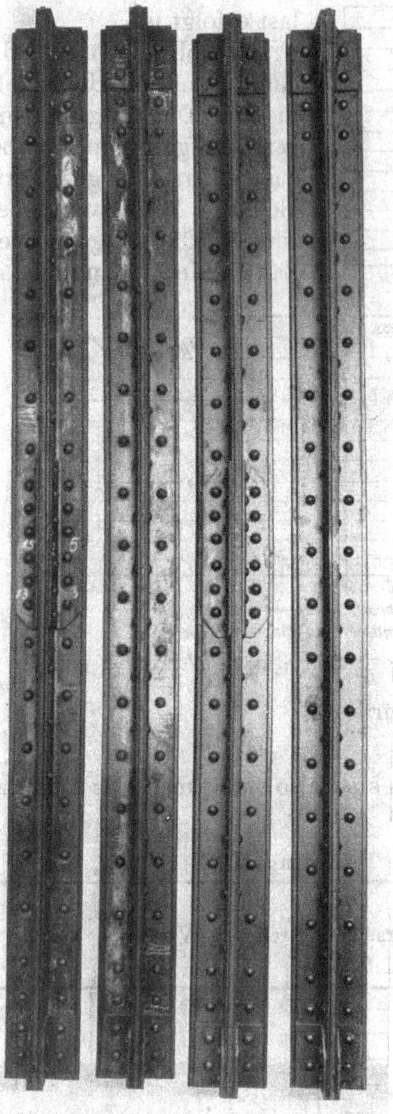

Abb. 12. Außermittig gedrückte Stützen nach dem Knickversuch.

In der Zahlentafel 3 sind die bei Versuch 1 und 3 gemessenen Dehnungswerte für die nicht gestoßenen Stützen mit den Dehnungswerten verglichen, die sich aus einem E-Modul von 2050000 kg/cm² (s. Zahlentafel 1) und der Formel $\sigma = \frac{P}{F} \pm \frac{P(e+\delta)}{W}$ errechnen lassen. Darin ist δ den Meßwerten für Versuch 1 aus Abb. 8 entnommen und mit 1,24 multipliziert worden.

Die meisten Versuchswerte stimmen bis zu hohen Lasten mit der Rechnung überein. Bei den obersten Laststufen wird das gemessene ε-mittel etwas größer und das ε-min teilweise etwas kleiner als die Rechnungswerte. Im Zusammenhang damit ergibt sich auch keine geradlinige Verteilung der gemessenen ε-Werte über den Querschnitt mehr. Es wird angenommen, daß das Zurückbleiben der ε-min-Werte auf plastische Verformungen über oder unter der Meßstelle zurückzuführen ist.

Die Zerstörung trat durch allmähliches Knicken ein. Abb. 12 zeigt die Stützen nach dem Versuch.

G. Versuche mit Kontaktstößen ohne jede Laschendeckung.

(Ergebnisse einiger Ergänzungsversuche.)

Da auch die außermittig gedrückten Versuchsstäbe keine Abminderung der Höchstlasten durch den Kontaktstoß erkennen ließen, wurden einige Ergänzungsversuche ausgeführt, bei denen durch Verzicht auf Stoßdeckung durch Laschen die Druckkraft nur durch Kontakt übertragen wurde.

Die Proben waren Stäbe aus I 16 · 16, das Material St 37. Die Stablänge betrug 162 cm, die Gesamtlänge zwischen den Schneiden somit 162 + 36 = 198 cm, der Schlankheitsgrad betrug $\frac{198}{3,81} = 52$. Die Schneiden lagen parallel zu den Stegen der Profile. Die Stützen 2 und 4 wurden vor dem Versuch in der Mitte durchgesägt und beide Hälften danach wieder aufeinandergestellt. Von einer weiteren Bearbeitung wurde abgesehen, da sich zeigte, daß der beste Kontakt bei Aufeinanderlegen der beiden zusammengehörigen Sägeflächen erreicht wurde. Irgendeine Stoßdeckung wurde nicht angebracht. Die Stützen 1 und 2 wurden mit einer Exzentrizität von 1,81 cm (Kernweite), Stütze 3 und 4 zentrisch belastet. In Abb. 13 ist die Stütze 1 nach dem Versuch abgebildet. Die Höchstlasten sind in Zahlentafel 4 angegeben.

Zahlentafel 4. Knicklast der Stützen I 16 · 16.

Stütze	Ausbildung	Kraftangriff	Höchstlast	$\sigma = \frac{P}{F}$ kg/cm²
1	ungestoßen	außermittig	90,4	1580
2	durchgeschnitten	„	81,2	1420
3	ungestoßen	mittig	147,5	2570
4	durchgeschnitten	„	157,5	2750

Bei der mittig gedrückten Stütze ist auch hier keine Abminderung zu erkennen. Bei der außermittig gedrückten Stütze ist eine Abminderung der Höchstlast durch den ungedeckten Stoß erkennbar.

In Abb. 14 ist die Last-Durchbiegungslinie — die Durchbiegungen sind diesmal auf die gesamte Knicklänge zwischen den Schneidenlagern bezogen — für beide Versuche dargestellt. Bis 27,2 t verhalten sich beide Stützen gleichmäßig, von da ab eilt die Durchbiegung der gestoßenen Stütze mehr und mehr voran.

Abb. 13. Ungestoßene Stütze I 16 · 16, außermittig gedrückt, nach dem Versuch in der Maschine (Ergänzungsversuch 1).

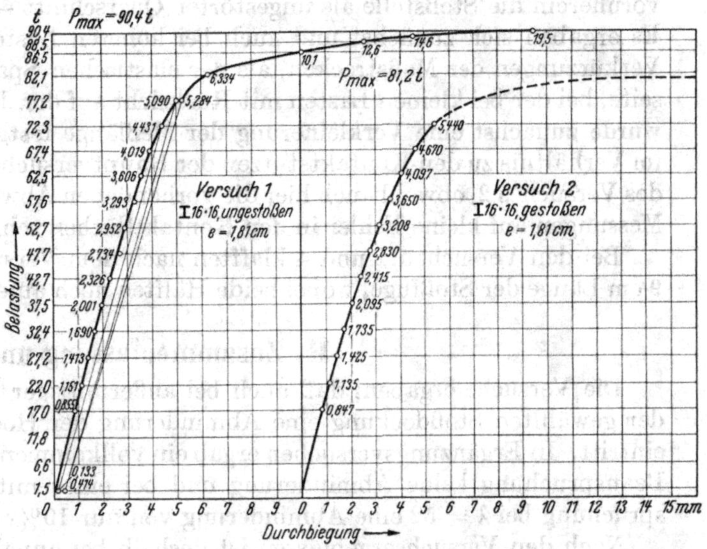

Abb. 14. Lastausbiegungslinien der Ergänzungsversuche 1 und 2.

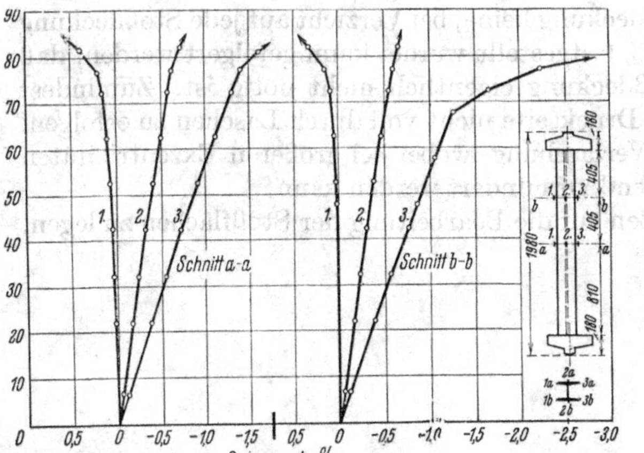

Abb. 15. Dehnungsmessungen beim Ergänzungsversuch 1.

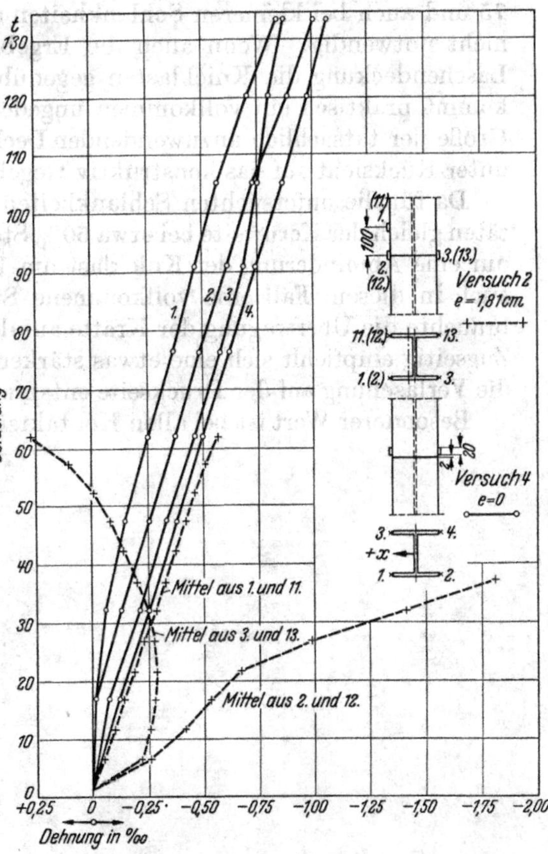

Abb. 16. Dehnungsmessungen bei den Ergänzungsversuchen 2 und 4.

In den Abb. 15 und 16 sind die Ergebnisse einiger bei diesen Versuchen ausgeführter Dehnungsmessungen aufgetragen. Abb. 15 gibt die bei der ungestoßenen außermittig gedrückten Stütze erhaltenen Meßwerte wieder. Das Fließen der Stütze begann nicht im Mittelquerschnitt, sondern, wie die hier nicht wiedergegebene Biegelinie ergab, innerhalb der oberen Hälfte der Stütze. Die gemessenen Dehnungen waren entsprechend; das Fließen wurde zuerst und am stärksten an der Meßstelle 3 im Querschnitt b—b festgestellt. Abb. 16 gibt einige bei den kontaktgestoßenen Stützen gemessene Dehnungen wieder. Bei der außermittig gedrückten Stütze des Versuchs 2 paßten offenbar die Endflächen doch nicht so gut aufeinander, daß von vornherein die Stoßstelle als ungestörter Querschnitt — wenigstens im Druckgebiet — wirkt. Es ergaben sich zunächst und auch bei höheren Lasten über den Stoß hinweg viel größere Verkürzungen der Meßstrecken, als der elastischen Spannung entspricht. Auch auf der Zugseite, bei der bei kleinen Lasten mit Rücksicht auf den Kraftangriff im Kernpunkt $\sigma = 0$ wird, wurde zunächst eine Verkleinerung der Meßlänge festgestellt. Recht gleichmäßig, jedenfalls im Verhältnis zu den Kontaktstützen der Hauptversuche, waren demgegenüber die Dehnungen des Versuches 2, obwohl auch hier die vorhandenen Abweichungen zwischen den gleichwertigen Messungen auf kleine Fehler in den Kontaktflächen schließen lassen.

Bei den Versuchen 1 und 4 klafften nach dem Versuch die Zugseiten des Stoßes auf etwa 9 cm Länge der Stoßfuge, wobei beide Hälften noch aufeinanderstanden.

H. Zusammenfassung und Schluß.

Die Versuche ergaben, daß auch bei außermittiger Beanspruchung bis zur Kernweite bei der gewählten Stoßdeckung eine Abminderung der Höchstlast durch den Kontaktstoß nicht eintritt. In Ergänzungsversuchen ergab ein vollkommen ungedeckter Kontaktstoß bei mittiger Beanspruchung keine Abminderung und bei einer mit der Kernweite außermittigen Beanspruchung bei $\lambda = 52$ eine Abminderung von nur 10%.

Nach den Versuchsergebnissen ist deshalb bei annähernd mittiger Belastung von Druckgliedern mit Kontaktstößen im Bereich der untersuchten Schlankheiten von rund $\lambda = 50$ bis 75 und auch bei kleineren Schlankheiten eine vollkommene Stoßdeckung durch Verlaschung nicht notwendig. Wenn auch die Ergebnisse gezeigt haben, daß selbst bei Fehlen jeder Laschendeckung die Knicklasten gegenüber dem ungestoßenen Stab nicht kleiner werden, kommt praktisch ein vollkommen ungedeckter Kontaktstoß natürlich nicht in Frage. Die Größe der tatsächlich anzuwendenden Deckung durch Laschen wird jedoch mehr gefühlsmäßig unter Rücksicht auf das konstruktiv Gegebene zu entscheiden sein.

Da für die untersuchten Schlankheiten selbst bei außermittigem Druck bis zu Exzentrizitäten gleich der Kernweite bei etwa 50% Stoßdeckung keine, bei Verzicht auf jede Stoßdeckung nur eine Abminderung der Knicklast um 11% festgestellt wurde, kann gefolgert werden, daß auch in diesem Fall eine vollkommene Stoßdeckung eigentlich nicht nötig ist. Zumindest brauchte die Übertragung der Kräfte auf der Druckseite nicht voll durch Laschen zu erfolgen. Zugseitig empfiehlt sich eine etwas stärkere Verlaschung, wobei bei größeren Exzentrizitäten die Verlaschung auf der Druckseite entsprechend vermindert werden kann.

Besonderer Wert ist bei allen Kontaktstößen auf die Bearbeitung der Stoßflächen zu legen.

Untersuchung über den Einfluß von Schrumpfdruckspannungen in geschweißten Druckgliedern auf die Knickfestigkeit bei mittiger und außermittiger Belastung.

I. Aufgabe.

Es sollte festgestellt werden, ob sich große Schrumpfspannungen, insbesondere Druckspannungen bei gedrückten Stäben abmindernd für die Knickfestigkeit auswirken.

II. Die wichtigsten Fälle von Schrumpfspannungen und von Eigenspannungen, die für die Knickfestigkeit von Stäben in Frage kommen.

Infolge der Ausdehnungs- und Schrumpfungsvorgänge während und nach dem Schweißen treten zurückbleibende innere Spannungen auf, von denen in den erhitzten Zonen die Spannungen in der Längsrichtung der Nähte in der Regel Zugspannungen in der Größenordnung der Fließgrenze des Schweißgutes oder des Grundwerkstoffes sind, während die Querspannungen im allgemeinen abweichend als Zug- und Druckspannungen auftreten. Die inneren Spannungen genügen den Gleichgewichtsbedingungen, es treten deshalb auch weit entfernt von den Erhitzungszonen Spannungen auf.

Zwei wichtige Grundfälle sind im folgenden hinsichtlich der für die Knickgefahr evtl. in Betracht kommenden Schrumpfspannungen beschrieben.

a) Quergeschweißte Platte, senkrecht zur Naht gedrückt.

Bei der Herstellung von Stumpfstößen treten an den Kanten bei freier Schweißung große Schrumpfdruckspannungen auf. (Bei sehr langen Nähten, die in diesem Zusammenhang außer acht gelassen werden können, können sich hiergegenüber vielleicht Abweichungen ergeben.) Für die gewöhnlichen Breiten der Gurtplatten im Stahlbau wird man in der Regel große Schrumpfdruckspannungen an den Kanten voraussetzen müssen.

Abb. 17 zeigt die Schweißquerspannungen in stumpfgeschweißten, 12 mm dicken Platten bei verschiedenen Schweißwegen mit 300 mm Nahtlänge. Ähnliche Verhältnisse sind bei Nahtlängen von 600 und 700 mm Länge nachgewiesen worden[1].

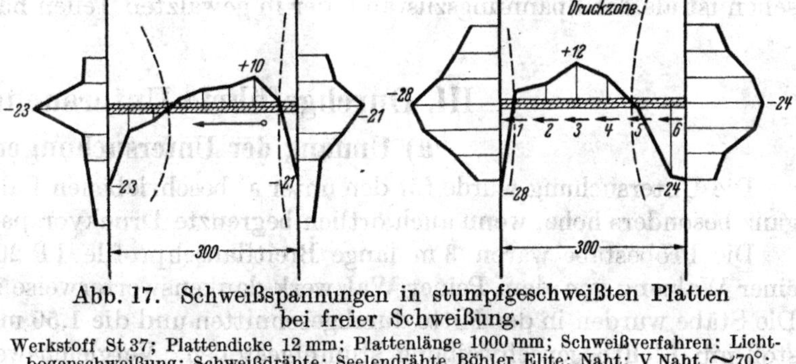

Abb. 17. Schweißspannungen in stumpfgeschweißten Platten bei freier Schweißung.
Werkstoff St 37; Plattendicke 12 mm; Plattenlänge 1000 mm; Schweißverfahren: Lichtbogenschweißung; Schweißdrähte: Seelendrähte Böhler Elite; Naht: V Naht, ∼70°; Zahl der Lagen: 3; Spannungen in kg/mm².

In den Fällen der Abbildung liegen die Schrumpfdruckspannungen an den Kanten an der Quetschgrenze. Der Abfall dieser Spannungen in Richtung senkrecht zur Naht vollzieht sich

[1] Arch. Eisenhüttenwes. 7 (1933/34), S. 407/15. — Elektroschweißg. 6 (1935), S. 148.

schnell, jedoch ist die Ausdehnung des Druckgebietes ziemlich groß und dürfte im vorliegenden Fall wenigstens 40 cm betragen haben. Dieses Druckgebiet ist an dem Ende, an dem die Schweißung begonnen wurde, sehr schmal, in Richtung der Naht gesehen, am Ende, an dem zuletzt geschweißt wurde, dagegen ziemlich breit.

Bei zusätzlicher Druckbelastung senkrecht zu den Nähten, ergibt sich die Frage, ob diese großen und ungünstig gelagerten Druckspannungen die Knickfestigkeit herabsetzen.

b) Durch Kehl- oder Stumpfnähte hergestellte Profile, in Richtung der Nähte gedrückt.

Die in den Nähten und den erhitzten Zonen immer vorhandenen großen Zugspannungen in Richtung der Naht haben gleichgewichthaltende Druckspannungen in gleicher Richtung zur Folge, die sich jedoch über ein größeres Gebiet verteilen und deshalb in der Regel kleiner sind als die Nahtspannungen.

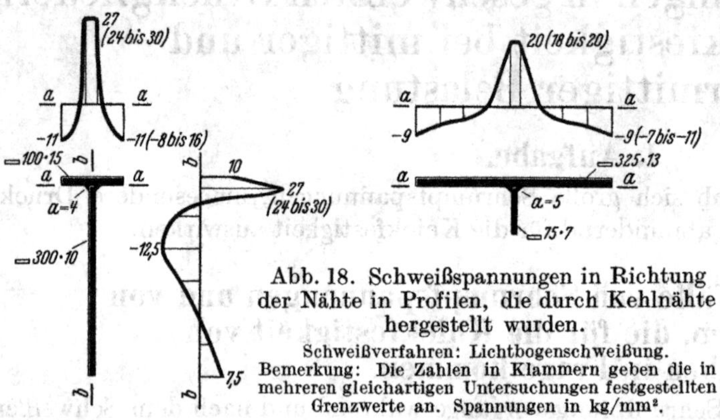

Abb. 18. Schweißspannungen in Richtung der Nähte in Profilen, die durch Kehlnähte hergestellt wurden.
Schweißverfahren: Lichtbogenschweißung.
Bemerkung: Die Zahlen in Klammern geben die in mehreren gleichartigen Untersuchungen festgestellten Grenzwerte an. Spannungen in kg/mm².

Abb. 18 gibt die in zwei Profilen festgestellten Verhältnisse wieder. Den großen Zugspannungen in den Nahtzonen stehen kleinere, sich über einen großen Teil des Querschnittes erstreckende Druckspannungen gegenüber. Die Druckspannungen sind wesentlich kleiner als im Fall a), erreichen aber immerhin noch merkliche Größen. Im allgemeinen wird die Größe von dem Verhältnis des hocherhitzten Querschnittsanteils zum Gesamtquerschnitt abhängen. Im Gegensatz zum Fall a) erstrecken sich die Druckspannungen über die ganze Länge der Profile.

c) Eigenspannungen in Walzprofilen.

Es ist bekannt, daß auch gewalzte Profile mehr oder weniger große Eigenspannungen infolge der ungleichmäßigen Abkühlung der einzelnen Querschnittsteile nach dem Walzen haben. Bei größeren Profilen, besonders bei größeren Dickenunterschieden der einzelnen Teile in mehrteiligen Querschnitten ergeben sich bisweilen recht erhebliche Walzspannungen.

In einem Profil IP 20, das der gleichen Walzung wie die später untersuchten Stäbe entstammte, wurden an den Flanschkanten Eigendruckspannungen von 6—8 kg/mm² festgestellt. Hinsichtlich der Eigenspannungsverhältnisse an den Kanten, die für die Knickgefahr gegebenenfalls in erster Linie von Belang sein müßten, entspricht der Walzspannungszustand etwa dem Fall b) der Schweißspannungen, der deshalb von vornherein nicht als ungünstiger anzusehen ist als der Spannungszustand, der in gewalzten Teilen häufig anzutreffen sein wird.

III. Durchgeführte Untersuchung.

a) Umfang der Untersuchungen.

Die Untersuchung wurde für den unter a) beschriebenen Fall durchgeführt, weil bei diesem ganz besonders hohe, wenn auch örtlich begrenzte Druckvorspannungen auftreten.

Die Probestäbe waren 3 m lange Breitflanschprofile IP 20, Werkstoff St 37.12, die aus einer Walzung von dem Peiner Walzwerk dankenswerterweise zur Verfügung gestellt wurden. Die Stäbe wurden in der Mitte durchgeschnitten und die 1,50 m langen Stäbe durch Universalstoß mit Lichtbogenschweißung stumpfgestoßen. Vergleichsweise wurden ungestoßene Stäbe von 3 m Länge im Knickversuch untersucht. Die Belastung wurde bei einem Teil der Stützen zentrisch eingeleitet. Ein Teil der Stützen wurde unter exzentrischer Belastung untersucht, damit ein allgemeines Urteil über die Auswirkung der Schrumpfdruckspannungen für zentrischen und exzentrischen Druck gefunden werden konnte.

b) Herstellung der Stützen.

Über die Herstellung der Stützen, besonders über die Schweißung sind folgende Angaben zu machen:

Ausführende Firma: Johannes Dörnen in Dortmund-Derne.
Nähte: X-Nähte, etwa 90° in Flansch und Steg, etwa 2 mm Wurzelabstand.
Schweißweg: In der Regel durchlaufend, in den Flanschen von einer Kante zur anderen, Ausnahme bei der ersten Lage im Steg, bei der diese mit Rücksicht auf die Blaswirkung von Stegmitte nach außen geschweißt wurde, und bei den Lagen an den inneren Flanschflächen, die vom Steg nach außen geschweißt wurden. Sämtliche Nähte in waagerechter Lage geschweißt.
Schweißfolge: im nächsten Abschnitt beschrieben.
Drähte: Manteldrähte Kjellberg St 48 A.
Sonstige Angaben über die Schweißung: Um die Nähte an den Flanschkanten gut voll zu bekommen, wurden seitliche Kupferstücke beigelegt.
Bearbeitung der Stabenden: Die Endflächen wurden plan und senkrecht zur Stabachse gefräst.

c) Schrumpfspannungsverhältnisse.

Das I-Profil setzt sich aus drei Scheiben zusammen. Könnte man diese jede für sich aneinanderschweißen, so daß alle drei Scheiben unabhängig voneinander der Schrumpfung folgen könnten, würden sich die im vorigen Abschnitt unter a) erörterten Verhältnisse einstellen. Die Behinderung des Schrumpfungsvorganges in den an 2. und 3. Stelle geschweißten Teilen durch die vorher gelegten Nähte erzeugt zusätzliche Spannungen. Da man bei den in Betracht kommenden Dicken die Nähte bei der Lichtbogenschweißung in mehreren Lagen herstellt, können durch wechselseitiges Schweißen, indem man zunächst die Wurzellagen des einen Teils, dann des anderen Teils und darauf die oberen Lagen ebenso abwechselnd herstellt, die zusätzlichen Spannungen günstig beeinflußt werden.

Im vorliegenden Fall wurden die X-Nähte in den Flanschen und im Steg in 4 Lagen, 2 Wurzellagen und 2 Decklagen, geschweißt. Hierbei wurden zwei verschiedene Schweißfolgen gewählt, die im einzelnen in der nachstehenden Darstellung erläutert sind.

Übersicht über die Schweißfolge bei den X-Nähten.

Träger der Reihe	Schweißgang 1	2	3	4
B	Oberer und unterer Flansch, je 2 Wurzellagen	Steg, 2 Wurzellagen	Oberer und unterer Flansch, je 2 Decklagen	Steg, 2 Decklagen
C	Steg, 2 Wurzellagen	Oberer und unterer Flansch, je 2 Wurzellagen	Steg, 2 Decklagen	Oberer und unterer Flansch, je 2 Decklagen

An einigen Stützen wurden die Schrumpfspannungen an der Kante, die unter Umständen besonders gefährlich sein konnten, bestimmt. Es ergaben sich sehr erhebliche Unterschiede zwischen den mit verschiedener Schweißfolge hergestellten Nähten. Die Spannungen wurden aus der Rückfederung bei Zerlegung der Nahtzonen ermittelt.

Aus den Messungen längs der Kanten für die untersuchte Stütze der Reihe B ergab sich eine Ausdehnung der Randdruckzone von etwa 15 bis 20 cm (Abb. 19), also erheblich kürzer als bei den in Abschnitt IIa beschriebenen Blechstumpfnahtverbindungen.

Zahlentafel 1. Schrumpfspannungen quer zu den Stößen an den Flanschkanten.

Reihe	Zahl der untersuchten Stützen	Schrumpfspannungen kg/mm² Mittel	Grenzwerte
B	1	—24	—17 —30
C	2	—2	0 —4

d) Versuchsausführung.

Die Stützen wurden in einer hydraulischen 600-t-Presse mit vertikaler Druckachse geprüft

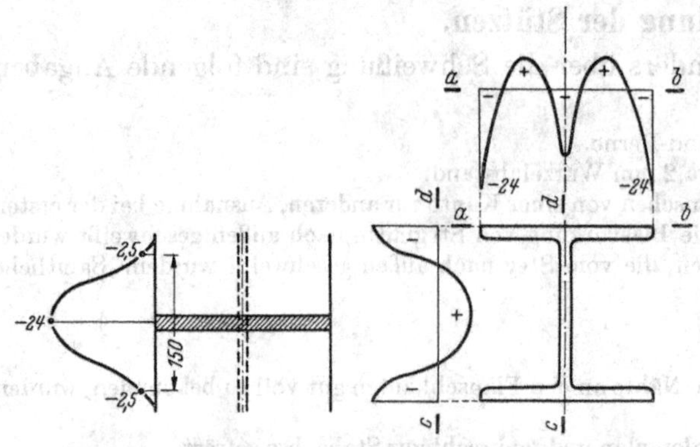

Abb. 19. Schrumpfspannungen für eine Stütze der Reihe B in kg/mm².

a Verlauf der Kantenschrumpfdruckspannungen *b* Schrumpfspannungen im Nahtquerschnitt (näherungsweise)

(Abb. 20). Verwendet wurde Schneidenlagerung mit einer Konstruktionshöhe (Abstand der Schneide von der Stabendfläche) $b = 18$ cm. Die Knicklänge betrug danach

$$l_k = l + 2b = 300 + 2 \cdot 18 = 336 \text{ cm}.$$

Die Schneiden wurden parallel zum Steg angeordnet.

Gemessen wurden die Ausbiegungen in Stabmitte und in den Viertelspunkten und zur Berücksichtigung des Einflusses räumlicher Bewegungen des Stabes die Bewegungen der Stabenden senkrecht zum Stab in beiden Hauptrichtungen. In Richtung der Flansche wurden die Messungen an beiden Flanschen ausgeführt.

Abb. 20. Stütze in der 600-t-Presse mit Meßgeräten.

An Hand der für kleine Lasten gemessenen Ausbiegungen wurden die Stäbe zunächst gut zentriert. Die zentrisch zu belastenden Stützen wurden dann bis zum Knicken belastet, die Stützen, die bei außermittigem Druck untersucht werden sollten, wurden senkrecht zu den Schneiden um das gewünschte Maß gleich der Kernweite verschoben und dann weiter belastet.

Die Ausbiegung ergab sich durch Umrechnung der gemessenen Bewegungen auf die durch die Meßpunkte für die Meßuhren an den Stabenden gegebene Sehne. Die Ausbiegungsmessungen in Richtung des großen Trägheitsradius (Schneidenrichtung) dienten nur zur Einrichtung des Versuchsstückes in dieser Richtung. Auf Wiedergabe der Ergebnisse kann verzichtet werden.

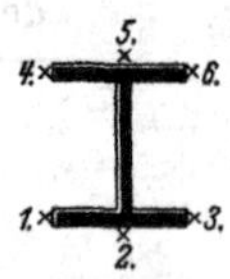

Abb. 21. Dehnungsmeßstellen am Stumpfstoß.

Die Stauchungen wurden in den Flanschen mit Tensometern auf 20 mm Meßlänge über die Stumpfnaht gemessen. Die Messungen wurden an 6 Stellen des Mittelquerschnittes ausgeführt (s. Abb. 21).

e) Angaben über die Profile.

Die Profile entstammten einer Schmelzung. Die mechanischen Eigenschaften wurden an Zugstäben aus den Flanschen, wie in Zahlentafel 2 angegeben, bestimmt. Als maßgebend für die Knickfestigkeit sind vor allem die Streckgrenzenwerte der aus den äußeren Flanschteilen entnommenen Zugstäbe 1, 2 und 11 anzusehen. Die obere Streckgrenze liegt zwischen 2600 und 2800 kg/cm², die untere Streckgrenze zwischen 2500 und 2700 kg/cm².

Zahlentafel 2. Ergebnisse der Zugversuche.

Stab Nr.	Entnahme aus zwei verschiedenen Stützen	Abmessungen				Festigkeit					Formänderung	
		Dicke a	Breite b	Querschnitt f	Versuchslänge L	Spannungen σ kg/cm²: Proportionalitätsgrenze	Obere Streckgrenze	Untere Streckgrenze	Bruchgrenze	Elastizitätszahl $\frac{1}{\alpha} = E$	Dehnung δ_{10} für Meßlänge $l = 11{,}3\sqrt{f} = 20$ cm	Querschnittsverminderung ψ
		cm	cm	cm²	cm	σ_P	σ_{S_O}	σ_{S_U}	σ_B	kg/cm²	%	%
1	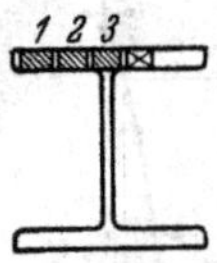	1,537	2,092	3,22		2400	**2690**	**2650**	4480	2 120 000	27,7	60
2		1,558	2,093	3,26		2700	**2800**	**2660**	4480	2 100 000	26,2	58
3	Im Knickversuch nicht untersuchte Stütze	1,482	2,085	3,09	22	2000	2640	2570	4500	2 100 000	27,2	58
11	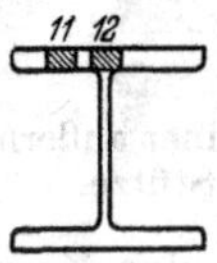	1,525	2,091	3,19		2300	**2670**	**2550**	3880	2 060 000	29,8	64
12	Stütze C_4	1,545	2,093	3,23		1800	2380		3880	2 060 000	**33,2**	67

⊠ Proben zur Bestimmung der Quetschgrenze.

Veranlaßt durch die Ergebnisse der Knickversuche wurde an zwei 80 mm langen prismatischen Proben 14,4×32 mm² die Quetschgrenze bestimmt. Die Lage dieser Proben im IP-Querschnitt entsprach der Lage des Zugstabes 2. Die Quetschgrenze wurde zu 2700 kg/cm² gefunden. Ein Unterschied zwischen oberer und unterer Quetschgrenze wurde nicht festgestellt, was zu erwarten war, da die Proben ohne Köpfe geprüft wurden. Die so ermittelte Quetschgrenze entspricht deshalb eher der im Zugversuch festgestellten unteren Streckgrenze als der oberen. Die Quetschgrenze entspricht nach dieser Untersuchung im vorliegenden Fall der Streckgrenze.

Die Querschnittsabmessungen stimmten ziemlich gut mit den Nennmassen überein. Geringe festgestellte Abweichungen der Stegdicke und der Höhe nach unten beeinflussen die Querschnittsgröße und das Trägheitsmoment I_{min} nicht so, als daß eine genaue Querschnittsberechnung durchgeführt werden müßte. Nach den Nennabmessungen ergeben sich nachstehende statische Größen:

$F = 82{,}7$ cm²
$I_{min} = 2140$ cm⁴ $\qquad i_{min} = 5{,}1$ cm
$W_{min} = 214$ cm³ $\qquad k = 2{,}59$ cm (Kernweite)
$l = 300$ cm $\qquad \lambda = 59$
$l_k = 336$ cm $\qquad \lambda_k = 66.$

IV. Ergebnisse der Knickversuche.

a) Übersicht über die ausgeführten Knickversuche.

Untersucht wurden die ungeschweißten und die mit verschiedener Schweißfolge hergestellten Stützen (Reihe A—C). Jede Art wurde für mittigen Druck und bei außermittigem Druck untersucht. Das Exzentrizitätsmaß wurde in den letzteren Versuchen gleich der Kernweite $k = e = 2{,}59$ cm gewählt. Das Verhältnis zur Knicklänge ergibt sich zu $e : l_k = 1/130$.

Im einzelnen gehen die ausgeführten Knickversuche aus Zahlentafel 3 für die Knicklasten hervor.

b) Ergebnisse der Formänderungen.

1. Ausbiegungen.

Die gemessenen Durchbiegungen sind in der Abb. 22 zusammengestellt. Die Ausbiegungen der mittig gedrückten Stäbe zeigen, daß diese recht gut zentriert waren. Die gemessenen Ausbiegungen für die außermittig gedrückten Stäbe, bezogen auf die durch die Endmeßuhren festgelegte Meßsehne, wurden später zur Errechnung der Biegemomente und der Kantenspannungen auf die gesamte Knicklänge unter Annahme einer parabelförmigen Biegelinie durch Multiplikation mit dem Faktor 1,29 umgerechnet (Abb. 23).

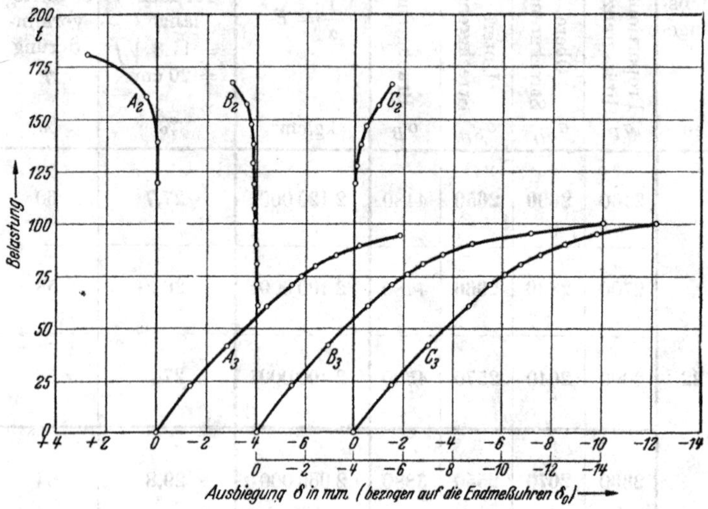

Abb. 22. Ausbiegung der Stabmitte.

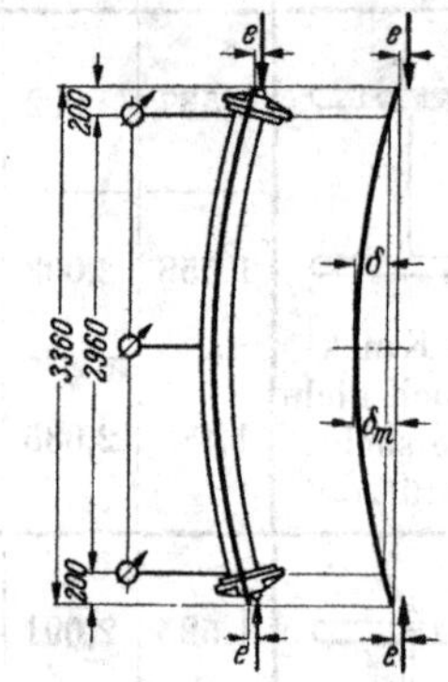

Abb. 23. Ausbiegung einer außermittig gedrückten Stütze.

2. Stauchungen des Stoßquerschnitts.

Die Stauchungen für die zentrisch belasteten Stützen (Abb. 24) und für die exzentrisch gedrückten (Abb. 25) zeigen, daß sich die geschweißten Stützen der Reihe C sehr ähnlich wie die ungeschweißten Stäbe der Reihe A verhielten. (Wiedergegeben sind nur die Mittelwerte von entsprechenden Messungen an den beiden Flanschen; für die zentrisch gedrückten die Mittelwerte der vier Kantenmessungen und die Mittelwerte aus den beiden Messungen in Flanschmitte, für die exzentrisch belasteten die Mittelwerte an der Druckkante, in Flanschmitte und an der Zugkante.)

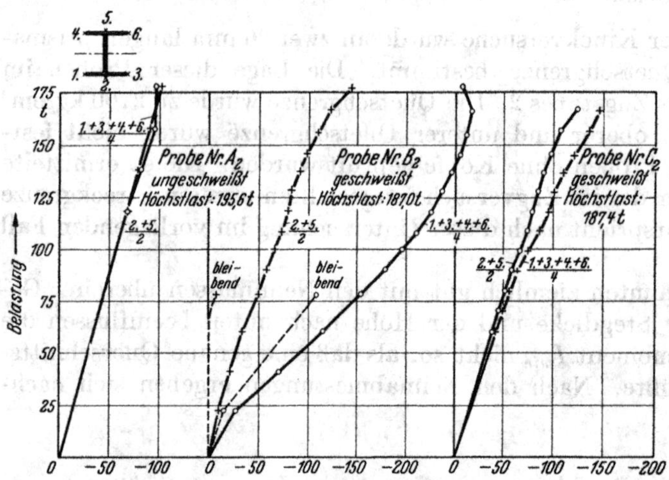

Abb. 24. Stauchungen der zentrisch gedrückten Stützen in Stabmitte.

(Meßlänge 20 mm, bei den geschweißten Stützen über die Stumpfnaht.)

Die Formänderungen des Stumpfstoßes der Stäbe der Reihe C sind jedoch merklich größer als die Formänderungen bei den ungeschweißten Stützen der Reihe A. Das ist teilweise durch bleibende Formänderungen zu erklären, die in den aufgetragenen Meßwerten enthalten sind, zum Teil vielleicht auch in einem etwas geringeren Elastizitätsmodul des Schweißgutes. Im ganzen zeigen die Messungen jedoch keine besonders kennzeichnenden Unterschiede.

Ganz verschieden demgegenüber ist der Formänderungsverlauf im geschweißten Stoß der Stützen der Reihe B, die nach den Ausführungen in Absatz IIIc mit großen Schrumpfdruckspannungen an den Flanschkanten im Stoß behaftet waren. Vor allem der Formänderungsverlauf an den Kantenmeßstellen zeigte eine sehr starke Abweichung gegenüber den entsprechenden Formänderungen an den ungeschweißten Stützen und den geschweißten Stützen der Reihe C. Die Formänderungen sind hier viel größer und wie der Verlauf der Kurven für die Kantenmessungen

$\left(\text{Abb. 24, Mess.} \frac{1. + 3. + 4. + 6.}{4}\right.$ und $\left.\text{Abb. 25, Mess.} \frac{3. + 6.}{2}\right)$

erkennen läßt, zum großen Teil plastisch. Die Darstellung in Abb. 24 für die Stütze B 2 zeigt die Größe der bleibenden Formänderungen.

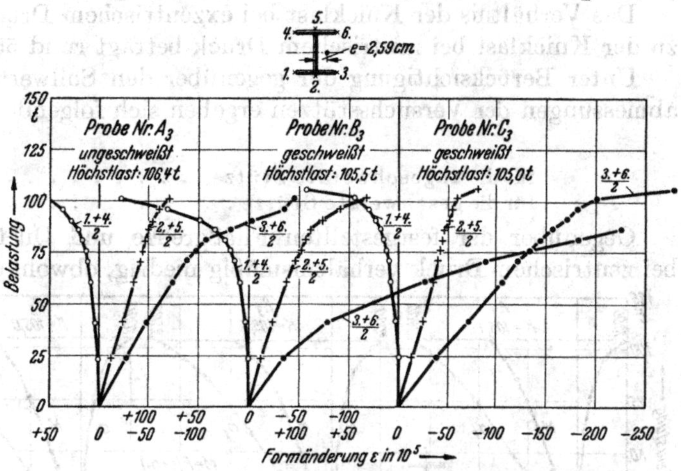

Abb. 25. Stauchungen der exzentrisch gedrückten Stützen in Stabmitte.
(Meßlänge 20 mm, bei den geschweißten Stützen über die Stumpfnaht.)

Die Schrumpfdruckspannungen wirken sich also durch frühzeitige Plastizität bei Überlagerung auch geringer, gleichgerichteter Betriebsspannungen aus.

Der festgestellte Unterschied in den Kantenmeßstellen und den Meßstellen in Flanschmitte besagt, daß die Querschnitte in den Eigenspannungszonen nicht eben bleiben.

c) Die Tragfähigkeit der Stützen.

Die erreichten Knicklasten für sämtliche im Knickversuch untersuchten Stützen enthält Zahlentafel 3.

Die Knicklasten der zentrisch und der exzentrisch geprüften Stützen, jede für sich betrachtet, sind nicht sehr verschieden. Bei der Reihe C ergab Stab C 4 eine kleinere Knicklast, dem aber eine größere Knicklast für einen weiteren Stab der gleichen Herstellung gegenübersteht, so daß sich ein Mittelwert ergibt, der der Knicklast der Stütze B 2 entspricht. Die Knicklasten der exzentrisch belasteten Profile sind gleich. Der geringe Unterschied bei den zentrisch gedrückten zwischen der ungeschweißten und der geschweißten Ausführung beträgt nur 4%.

Zahlentafel 3. Knicklasten der Stützen.

Reihe	Herstellung	Zentrischer Knickversuch: Stab	Zentrischer Knickversuch: Knicklast in t	Exzentrischer Knickversuch $e = k = 2{,}59$ cm: Stab	Exzentrischer Knickversuch: Knicklast in t
A	ungeschweißt	A2	195,6	A3	106,4
B	geschweißt Schweißfolge 1	B2	187,0	B3	105,5
C	geschweißt Schweißfolge 2	C2 C4 C5	187,4 176,8 192,5	C3	105,0
		Mittel	186	—	—

Als wichtigstes Ergebnis der Untersuchung ist danach festgestellt:

Die Tragfähigkeit von durch Schweißung stumpf gestoßenen Stäben, bei denen an den Nahtenden in den Gurten große Schrumpfdruckspannungen von der Größe der Quetschgrenze auftreten, wird durch diese bei zentrischer und exzentrischer Belastung gegenüber der Tragfähigkeit des gewalzten Profils nicht merklich herabgesetzt, obwohl die Schrumpfdruckspannungen frühzeitige und verhältnismäßig erhebliche plastische Verformungen zur Folge haben.

Das Verhältnis der Knicklast bei exzentrischem Druck für $\lambda_k = 66$ und dem Profil I P 20 zu der Knicklast bei zentrischem Druck beträgt rund 55%.

Unter Berücksichtigung der gegenüber den Sollwerten etwas zu geringen Querschnittsabmessungen der Versuchsstützen ergeben sich folgende Knickspannungen:

	zentrisch	exzentrisch
für die ungeschweißte Stütze	2400	1300 kg/cm²
für die geschweißte Stütze	2300	1300 kg/cm².

Gegenüber der festgestellten Fließgrenze und Quetschgrenze liegt die Knickspannung bei zentrischem Druck verhältnismäßig niedrig, obwohl die Stäbe, wie Abb. 22 zeigt, gut zentriert waren. Da auch die Knickspannung der ungeschweißten Stütze A 2 merklich unter der Fließgrenze liegt, ist anzunehmen, daß eine gewisse Abminderung durch die sich über die ganze Länge erstreckenden Walzspannungen, vor allem durch die Kantendruckspannungen (s. Abschnitt II c) eingetreten ist.

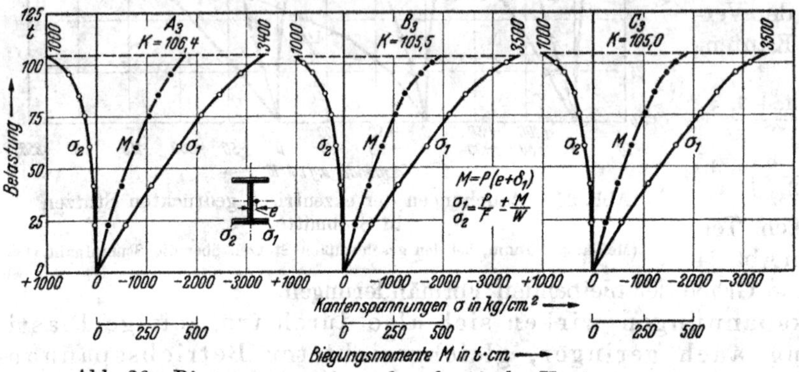

Abb. 26. Biegungsmomente und rechnerische Kantenspannungen.

Zur Erörterung der Zusammenhänge sind in Abb. 26 zunächst für sämtliche exzentrisch gedrückten Stäbe die Biegungsmomente als $P \cdot (e + \delta_1)$ aufgetragen, wobei $\delta_1 = \delta_m$ aus den gemessenen Ausbiegungen (Abb. 23) auf die ganze Knicklänge durch Multiplikation mit 1,29 umgerechnet ist. Die Kantenspannungen sind hier rechnerisch ermittelt unter der Annahme rein elastischen Verhaltens auch bei Randspannungen, die größer als die Fließgrenze des Werkstoffes sind. Diese Voraussetzung entspricht den Anschauungen über den verzögerten Fließeintritt bei behinderter Formänderung infolge unhomogener Spannungszustände. Im weiteren kann festgestellt werden, ob bei diesen Versuchen die Voraussetzung zutreffend war.

Näher in Betracht gezogen wird die ungeschweißte Stütze A 3, bei der die festgestellten Formänderungen gewisse Aufschlüsse über den Einfluß der Walzspannungen geben (Zahlentafel 4). Die Spannung an der Zugkante σ_a und die Spannung in Flanschmitte σ_b können bis zum Knicken aus den gemessenen Formänderungen berechnet werden, da die Spannungen

Zahlentafel 4. Formänderungen und Spannungen für die ungeschweißte, außermittig gedrückte Stütze A3.

1	2	3	4	5	6	7	8	9	10	11	12	13	14
Belastung P int	Biegungsmoment $M = P(e + \delta_1)$ t · cm	Formänderungen $\varepsilon \cdot 10{,}5$			$\varepsilon_m \cdot 10^5$	Spannungen $\sigma_m =$		$\varepsilon \cdot E$ (gemessen)			$P/F \pm M/W$		$\sigma_a - \sigma$
		a $\frac{1.+4.}{2}$	b $\frac{2.+5.}{2}$	c $\frac{3.+6.}{2}$	$\frac{a+2b+c}{4}$	$\varepsilon_m \cdot E$	$\frac{P}{F}$	σ_a	σ_b	σ_c	σ_a'	σ_c'	
						kg/cm²							
61,0	192,8	8	—34	—74	—33,5	—705	—737	170	—715	—1550	164	—1638	6
70,8	232,2	12	—40	—89	—39,3	—830	—856	252	—840	—1870	229	—1941	23
75,7	252,8	14	—43	—96	—42,0	—890	—915	294	—900	—2020	266	—2096	28
80,6	275,7	17	—46	—107	—45,5	—967	—975	357	—970	—2250	314	—2262	43
85,5	301,8	21	—49	—130	(—51,8)	(—1088)	—1033	440	—1030	(—2730)	367	—2443	73
90,4	330,0	28	—53	—151	—	—	—1092	590	—1110	(—3110)	449	—2635	141
95,3	367,9	36	—61	—184	—	—	—1152	760	—1280	(—3860)	567	—2871	193
100,2	(410)	55	—71	—194	—	—	—1210	1160	—1490	(—4070)	700	—3120	460

beträchtlich unter der Proportionalitätsgrenze liegen. Die Spannung an der Druckkante σ_c erreicht bei höheren Lasten Werte über der Werkstofffließgrenze und ist dann nicht mehr aus den Stauchungen zu berechnen.

Für den Eintritt der Plastizierung an der Druckkante stehen verschiedene Kriterien zur Verfügung. Die Kantenzugspannung σ_a, berechnet als $\varepsilon_a \cdot E$, stimmt bis $P = 75{,}7$ t gut mit σ'_a, berechnet aus $(P/F - M/W)$, überein. Der kleine Unterschied $\sigma_a - \sigma'_a$ bis 75,7 t liegt im Bereich der Meßgenauigkeit. Bei 80,6 t wird der Unterschied etwas größer, bei Lasten größer als 80,6 t deutlich größer. Von hier ab ist also mit beginnender Plastizierung der Druckkante zu rechnen. Das wird auch aus dem Vergleich der Spannungen σ_m, berechnet als $\varepsilon_m \cdot E$ und als P/F deutlich, die bei 85,5 t einen deutlichen Unterschied ergeben und von denen nur die letztere als wahre Mittelspannung anzusehen ist. Der Vergleich zwischen der Spannung in Flanschmitte σ_b und der Spannung $\sigma_m = P/F$ für Lasten über 85,5 t weist auf die Verschiebung der neutralen Achse infolge Plastizierung der Druckkante [damit auch Vergrößerung der Momente gegenüber $P \cdot (e + \delta_1)$] hin. Die Dehnungsverteilung über die Flanschbreite ist bei Lasten $\geq 85{,}5$ t nicht mehr geradlinig, erst bei 100,2 t läßt sich, offenbar infolge Verfestigung an der Druckkante, wieder geradlinige Dehnungsverteilung aus den Messungen entnehmen.

Es muß aus diesen Beobachtungen geschlossen werden, daß **ein Fließen bei einer Kantenspannung von etwa 2300 kg/cm² infolge der äußeren Last eingetreten ist.** Diese Spannung liegt tiefer als die mit 2700 kg/cm² bestimmte Quetschgrenze. Da jedoch bis zum Eintritt der Plastizierung die Walzspannung an der Kante (s. Abschnitt IIc) die Spannung aus der äußeren Last in voller Höhe überlagert hat, ist mit einer tatsächlichen Spannung bei beginnender Plastizierung von etwa 3000 kg/cm² zu rechnen. Eine gewisse Behinderung des Fließeintritts infolge des ungleichmäßigen Spannungszustandes hat wohl vorgelegen.

Der deutliche Fließbeginn bei der unter der Quetschgrenze liegenden Kantenspannung (infolge der äußeren Belastung) von 2300 kg/cm² scheint auch die Erklärung für die unter der Quetschgrenze liegende Knickspannung der mittig gedrückten Stützen zu geben. Es handelt sich hier anscheinend um Einflüsse der Walzspannungen, die abmindernd für die Knickspannung wirken, wenn sie an den kritischen Stellen gleichgerichtet mit den Belastungsbeanspruchungen und über eine größere Länge des Knickstabes wirken.

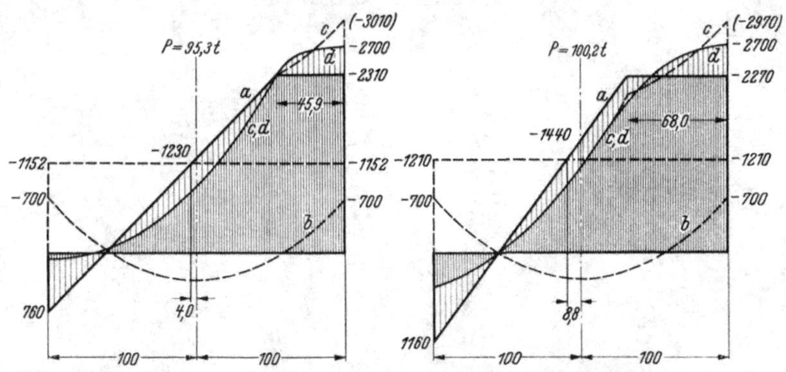

Abb. 27. Wahrscheinliche Spannungsverteilung bei der außermittig gedrückten Stütze A 3 nach erfolgter Plastizierung der Druckzone.
a = Spannungsverteilung infolge der äußeren Belastung; b = Walzspannung (näherungsweise); c = Überlagerter Zustand a und b; d = Wahrscheinlicher Gesamtspannungszustand.

Die Walzspannungen an den Kanten des untersuchten Profils entsprechen etwa den in Abb. 18 dargestellten Schrumpfdruckspannungen an den Kanten geschweißter Querschnitte. Deshalb dürften auch die hier gemachten Beobachtungen sinngemäß auf geschweißte Profile dieser Art übertragen werden.

Die Stauchungsmessungen gestatten eine gewisse Abschätzung der Spannungsverteilung über den Querschnitt für die Stütze A 3 nach erfolgter Plastizierung. Die Berechnung wurde vorgenommen aus der bekannten Mittelspannung σ_m, der gemessenen Spannung an der Zugkante σ_a und dem Moment auf die geometrische Achse $P \cdot (e + \delta_1)$. Angenommen wurde, daß nach der Plastizierung durch die äußere Last an der Druckkante über eine gewisse, zu berechnende Breite des Flansches eine gleichbleibende, der Größe nach zu berechnende Spannung σ_c auftritt. Die gemessene Spannung in Flanschmitte σ_b brauchte für die Berechnung nicht herangezogen zu werden; sie diente als Kontrollwert für die errechnete Spannung σ_b. Es ergaben sich nur sehr geringe Unterschiede gegenüber der Messung. Die Rechnung wurde für die Belastung $P = 95{,}3$ t und 100,2 t durchgeführt.

Abb. 27 zeigt die so ermittelte Spannungsverteilung (Kurven *a*). Infolge der äußeren Belastung ergeben sich Randspannungen von 2300 kg/cm². Überlagert man diesen Spannungen die Walzspannungen (Kurven *b*), die freilich nur an den Kanten bestimmt, im übrigen angenommen worden sind, ergeben sich die Kurven *c* für die zusammengesetzten Spannungen. Unwahrscheinlich ist das Ansteigen der Randspannungen in der Druckzone. Tatsächlich muß auch ein fortschreitender Abbau der Walzspannungen mit der Plastizierung der Druckzonen eingetreten sein, so daß sich im ganzen etwa der Spannungsverlauf nach den Kurven *d* ergeben haben dürfte.

V. Zusammenfassung.

Die Untersuchung von gewalzten Profilen (I P 20) mit stumpfgeschweißten Stößen in Stabmitte auf Knickfestigkeit bei mittigem und außermittigem Druck ergab trotz des Auftretens großer Schrumpfspannungen und zwar Druckspannungen in der Höhe der Quetschgrenze an den Flanschkanten keine deutliche Abminderung der Tragfähigkeit gegenüber der Tragfähigkeit des gewalzten Profils, obwohl die Schrumpfdruckspannungen frühzeitige und verhältnismäßig erhebliche Verformungen zur Folge hatten. Die Ergebnisse weisen darauf hin, daß die Tragfähigkeit der gewalzten Profile durch die Walzspannungen, die sich im Gegensatz zu den bei geschweißten Stumpfnähten der untersuchten Anordnung auftretenden Schrumpfspannungen über die ganze Länge des Knickstabes erstrecken, eine gewisse Abminderung erfährt.

9783709154410